久保田茉莉＝著
KUBOTA Mari

軍隊への男女共同参画

女性の権利の実現と軍事化の諸相

FEMINIZATION OF THE MILITARY
Realizing women's rights and various aspects of militarization

日本評論社

はしがき

男女平等と平和主義とは、いずれも日本国憲法の基本原理である。10代の頃からフェミニストと平和主義者を自認してきた筆者は、この重要な2つの原理・イズムであるフェミニズムと平和主義を総合するとどうなるだろうかということを、法学部生時代から漠然と考えていた。本書はこの課題に正面からこたえるには至っていないが、軍隊への女性の参入という問題を通じて、その解明の緒に就きたいと考えたものである。

本書のタイトルは、「軍隊への男女共同参画」である。同様の主題を扱うとき、フランス語や英語では、féminisation/feminization の語が用いられているが、これを日本の研究者は、「軍隊内男女平等」や「軍隊内男女機会均等」などと表現してきた。そして筆者は、官製用語である「男女共同参画」という語をあえて用いたのであるが、それは、本書につながる研究を開始した当初から、女性の軍隊参入を推進する動きが官製のものであり、ナショナリズムと地続きなのではないかという問題意識があったためである。サブタイトルで「女性の権利の実現と軍事化の諸相」とした通り、本書は、軍隊の féminisation とは女性の権利行使の結果なのか、あるいはそれは女性の権利の向上に資するといえるのか、そしてその féminisation と軍事化との関係はいかなるものなのか、といったことを明らかにするものである。

本書は、2023年度に立命館大学大学院法学研究科に提出した博士論文に、加筆修正を施したものである。在学中、指導教員である多田一路先生より賜った学恩は計り知れない。法学部を3年で早期卒業し、西も東も分からないような状態の私を一から育ててくださったのが、多田先生である。憲法学と女性学を架橋するような研究をしたいと思い励んできたが、どちらも中途半端になっては目も当てられないということに途中で気づき、不安に駆られたことは数知れない。そんな博士論文が一応の完結を見たのは、偏に多田先生の懇切丁寧なご指導のおかげである。多田先生には、研究者としての礎を築いていただいたことはもとより、インテリゲンチャとしてのあり方や社会的責任までも、その御身を以て示していただいた。門下に入れていただけたことは幸甚の至りと言うほかはなく、先生の下で過ごした日々は、現在の研究生活や教員生活の糧となっている。感謝の念は筆舌に尽くしがたいが、改めてここに深甚なる謝意を表したい。

また、博士論文審査の副査を務めていただいた倉田原志先生と山田希先生、学部生時代から何年にもわたりフランス語をご指導いただいた松尾剛先生にも深く感謝している。このほか、立命館大学の憲法分野の先生方、さらには他大学の先生方を含め多くの方々にご助言や励ましをいただいた。お一人ずつお名前を挙げることができないのが心苦しい限りであるが、今後の研究と教育を通じて、学恩に報いていきたいと考えている。

本書の刊行にあたっては、「立命館大学大学院博士課程後期課程　博士論文出版助成制度」の助成を受けた。また、本書の出版にあたりご尽力いただいた柴田英輔氏と田村梨奈氏をはじめ日本評論社の皆様にもお礼申し上げる。

最後に、博士論文の執筆と本書の刊行は、家族の支えがなければ成しえなかった。特に両親には、研究者の道を歩むことを後押ししてもらい、他人より長い学生生活を物心両面で支援してもらった。来春からは衆議院法制局に勤務予定である大学院生の弟は、議論に付き合ってくれたり資料の収集を手伝ってくれたりと、研究の進展に協力してくれた。そして、本書の刊行を誰よりも喜んでくれたであろう祖父母に、この本を捧げたい。

本書は筆者の27歳の誕生日に刊行の運びとなったが、この27年間どれほど多くの方に支えられ、恵まれた環境で学んできたのだろうと思うと、社会に対して果たすべき責務の重さを改めて認識している。本書が、未だマイノリティである女性の解放に向けた理論と運動の発展へのささやかな一助ともなれば幸いである。

2024年 8 月
久保田茉莉

目　次

細 目 次

略記凡例

BOC　Bulletin officiel chronologique des armées　国防公報
CC　Conseil Constitutionnel　憲法院
CE　Conseil d'État　コンセイユ・デタ
CEDH　Cour européenne des droits de l'homme　欧州人権裁判所
CJCE　Cour de Justice des communautés européennes　欧州共同体裁判所
CJUE　Cour de Justice de l'Union européenne　欧州司法裁判所
JORF　Journal officiel de la République française　官報
Rec. CJCE=Rec. CJUE　Recueil de la jurisprudence de la Cour de justice et du Tribunal de première instance
RFDA　Revue française de droit administratif

初出一覧

・「フランスにおける女性軍人の法的取扱いとその実態（1）～（3・完）」立命館法学396号70-107頁、397号38-70頁、398号53-85頁（2021年）
・「フランスの市民運動における平和主義と女性の人権との接合」同403号81-118頁（2022年）
・「軍隊への女性の参入と自己決定権についての憲法学的考察」同407号95-143頁（2023年）
・「軍隊におけるジェンダー平等政策が企図するもの――フランスの取り組みからの検討――」同409号42-76頁（2023年）

本書の問題意識と構成

近年、軍隊への女性の参入が世界的に進んでいる。2015年にはノルウェー、2018年にはスウェーデンで女性の徴兵が始まった。スイスでは、徴兵義務は男性のみに限定されているが、軍に占める女性の割合を2030年までに10%に増やす方針である。平時には徴兵義務のないオランダでも、2018年の法改正により、2020年10月から男女を問わず17歳以上の国民に、有事のための徴兵リストへの「登録通知書」が送付されるようになった[1)]。自衛隊でも、2015年以降、女性の採用を積極的に推進するようになり、「防衛省における女性職員活躍とワークライフバランス推進のための取組計画」(2015年、2021年)や、「女性自衛官活躍推進イニシアティブ——時代と環境に適応した魅力ある自衛隊を目指して」(2017年)などが策定されている[2)]。

このような潮流を男女平等の証として歓迎すべきか否かについては従来から様々な議論があったが、日本のジェンダー研究者は、総じてこれに否定的であった。そして、彼女たちは女性自衛官を研究すること自体に対しても否定的・警戒的であり、女性自衛官研究の第一人者である佐藤文香は、そのような研究は軍事化に加担するものだとまで言われてきたという[3)]。しかし、軍隊への女性の参入がこのようなところまで進んでいる中、その

1)『日本経済新聞』2021年8月10日付夕刊。

2) 2021年の「取組計画」については、防衛省・自衛隊WEBサイト、https://www.mod.go.jp/j/profile/worklife/keikaku/pdf/torikumi_keikaku.pdf (2024年5月3日閲覧)。「イニシアティブ」については、防衛省・自衛隊WEBサイト、https://www.mod.go.jp/j/profile/worklife/keikaku/pdf/initiative.pdf (2024年5月3日閲覧)。昨今の動向につき、詳しくは、清末愛砂「なぜ、女性自衛官の活躍を推進するのか」飯島滋明・前田哲男・清末愛砂・寺井一弘編著『自衛隊の変貌と平和憲法——脱専守防衛化の実態』(現代人文社、2019年) 173-174頁など参照。

3) 佐藤文香『女性兵士という難問——ジェンダーから問う戦争・軍隊の社会学』(慶應義塾大学出版会、2022年) 2、80頁。

妥当性を見極めることの意義は増しているといえるであろう。本書は、軍隊への女性の参入について、憲法学の立場から批判的考察を試みるものである。

本研究課題を着想する契機となったのは、辻村みよ子の「女性兵士は男女平等への道か」と題された論考である。同論文によれば、「女性兵士の職業選択の自由を前提に男性と同等の権利や平等権を主張し、女性の入隊や戦闘参加を求める立場」と、これを批判する立場との対立が、「フェミニズムの『難問』」として、その分断をもたらしてきた[4]。

前者の立場は、軍隊への入隊や戦闘参加を権利と考えるのであるが、名目が国防であろうと平和維持であろうと、人を殺すことを職務とする暴力装置である以上、軍隊は、人権という概念と相いれない組織であるように思われる。軍隊を所与のものとして、そこに組み込まれる人員の人権保障を確実にしようという主張は、国家公認の暴力装置を永続化する役割を果たすことにしかならないであろう[5]。

この問題に対して、辻村は、「人権アプローチ」の有効性を主張している。辻村によれば、ジェンダー研究の成果として、「単に、『女性＝被害者』という視点から戦争における女性の人権侵害を問題にするのではなく、戦争の加担者・加害者の面を直視しつつ、戦争自体の犯罪性や人権侵害を問題にする視点」が再確認されるに至った。こうして、「『女性の人権』の視点から平和を捉える議論もまた、同様に、人権一般として平和の問題を捉える議論に止揚する方向を展望することができる」。「今日の憲法学や国際人権論では、戦争自体が男女の人権侵害であることを前提に、兵士の

4）辻村みよ子『人権をめぐる十五講——現代の難問に挑む』（岩波書店、2013年）116頁。

5）同様の問題が生じる場合として、天皇制が挙げられる。天皇制は身分制の飛び地であり、天皇および皇族は基本的人権の享有主体ではないことからすれば、天皇制を所与のものとして憲法の人権規定を天皇に及ぶようにしようとの昨今の議論（例えば、天皇の生前退位の自由を認める主張、男女平等に基づいて女性・女系天皇を制度化しようという主張など）は、憲法の人権保障や平等の徹底に寄与するどころか、それらの憲法原理の例外として存在している天皇制の強化につながるのである。

『国家のために殺人を強制されない権利』や良心的兵役拒否権、平和的生存権を認め、『人権としての平和』論や『人間の安全保障』論を構築しつつある。法学や人権論からのアプローチは、ここでも有効性が認められるはずである」。そして実際に、20世紀後半の国際人権論の土俵では、「平和なければ人権なし」、「人権なければ平和なし」、「女性の参加なければ平和なし」という関係から、「軍縮・平和による男女の人権確立と、平和への男女共同参画を目指す方向が明確に」されてきている。このようにして、辻村は、「女性の戦闘参加以外の男女共同参画の論理を貫く方途」を明確化するために、「戦争自体が人権侵害であるという観点を明確にして、男女共同参画の課題が人権保障のための反戦・軍縮・平和のための意思決定参加と一致することを明らかにすべき」であると説いている[6)]。

辻村のこのアプローチは、筆者にとっても参考になる。戦時下では、女性に対する様々な暴力が行われてきた。例えば、戦時性暴力には、軍隊内での性暴力事件、戦地における軍人から女性市民に対する性暴力、いわゆる「従軍慰安婦」のように軍が関与する組織的な性奴隷制度など、様々な態様のものがあり、女性はあらゆる被害を受けてきた。第二次世界大戦時に女性が受けた被害については、多くの学者の手によって研究がなされており、とりわけ「従軍慰安婦」制度に関しては、2000年12月に、女性国際戦犯法廷[7)]において裁判まで行われた。しかし、戦争の被害者は、女性に限られない。男性もまた、国家のために殺人者になることを強制される

6）辻村みよ子『憲法とジェンダー　男女共同参画と多文化共生への展望』（有斐閣、2009年）266-269頁。

7）「日本軍性奴隷制の犯罪的な性質と、この罪に責任のある者を明らかにし、日本政府に法的責任があることを認めるよう圧力をかけること」、「普遍的な女性の人権の問題である、女性に対する戦時性暴力の不処罰を断ち、世界中のどこにおいてももう二度とそれが起こらないようにすること」を目的とした民衆法廷の取組み。2000年12月８日から10日に東京で、冒頭陳述、各国起訴状発表、被害者証言、証拠の提示、判事質問、専門家証言、元日本軍兵士の証言、最終論告が行われ、翌年12月４日にオランダのハーグにおいて、天皇裕仁と日本政府・日本軍の高官に対して有罪判決が下された（VAWW-NET Japan 編『女性国際戦犯法廷の全記録』（緑風出版、2002年）Ⅰ、34-35、39頁；Ⅱ、366頁）。

という点で、被害者であるといえる。したがって、女性＝被害者、男性＝加害者というステレオタイプな見方を排し、すべての戦争それ自体を男女の人権侵害として違法化していく点に、「人権アプローチ」の意義がある。ここに、フェミニズムによる平和主義理論を構築することへの展望があるのではないかと考えられる。

日本国憲法は、前文で平和的生存権の保障を明示し、９条で、全面的な戦争放棄と戦力不保持、交戦権の否認を定めている。さらに、憲法全体の構成上も、宣戦布告や国家防衛の規定が置かれていないことが指摘される。このような憲法は他に類例がなく、日本国憲法は、世界で最も徹底した平和主義憲法であるといえる[8)]。

このことに鑑みれば、このような憲法を擁する日本は、非軍事的な手段で国際平和に貢献しなければならないはずである。しかし、実際には、強大な装備をもつ自衛隊が存在し、国連の平和維持活動やテロ対策の名目で、海外派兵まで行っている。また、アメリカとは軍事同盟を結んでおり、米軍が日本に駐留している。さらに、2014年には、９条の政府解釈を変更して集団的自衛権の行使を容認する閣議決定がなされ、翌年にはそれが法制化された。防衛支出についても、2027年度までに欧米主要国並みのGDP比２％に増やすことが政府方針とされており、2024年度予算は約８兆9000億円（GDP比では1.6％）に増えている[9)]。このように、憲法の平和主義規定と実態とは大きく乖離している。

以上のように自衛隊が国軍化する中、防衛省は、少子化や男女雇用機会均等などを考慮し、自衛隊における女性に対する配置制限の撤廃と女性の登用を進めている。先述の「女性自衛官活躍推進イニシアティブ」では、女性自衛官の活躍を推進するための理念的な方針が明らかにされた。また、同イニシアティブによって、母性保護や装備品の特性を理由として、陸上自衛隊の特殊武器（化学）防護隊の一部と坑道中隊、海上自衛隊の潜水艦

8）辻村みよ子『比較憲法〔第３版〕』（岩波書店、2018年）229-236頁；辻村みよ子『憲法〔第７版〕』（日本評論社、2021年）62-63頁など参照。

9）『朝日新聞』2024年４月27日付朝刊。

を除き、全自衛隊において配置制限が実質的に撤廃されることとなった。さらに、2018年12月には、潜水艦の乗組員についての配置制限が解除され、2020年１月には女性潜水艦要員に対する教育が開始された[10]。2020年３月には、陸上自衛隊唯一の落下傘部隊である「第１空挺団」に、初めて女性隊員が誕生した[11]。

女性自衛官は、2024年３月末現在、約２万人（全自衛官の約8.9%）であり、10年前（2014年３月末時点で全自衛官の約5.6%）と比較すると、3.3ポイント増となっており、その比率は近年増加傾向にある。防衛省は、女性自衛官の採用について、自衛官採用者に占める女性の割合を2021年度以降17%以上とし、2030年度までに全自衛官に占める女性の割合を12%以上とすることとした。登用についても、2025年度末までに佐官以上に占める女性の割合を５%以上とすることを目指すこととしている[12]。

このように、一方で憲法の平和主義原理がないがしろにされ、他方で自衛隊への女性の参入が推進されていることからすれば、女性兵士問題は、平和憲法をもつ日本にとっても他人事ではない。

さらに、この問題は、フェミニズムの問題としても考察する必要がある。軍隊内男女平等要求は、フェミニズムの中からも生まれているためである。上野千鶴子は、女性兵士をめぐる問題について、次のように叙述する。「この問いに対する回答は、『国家とは何か』『軍隊とは』『兵士とは』という問いに根源的に答えることになるだろう。フェミニストのあいだでのこの問題に対する態度の決定は、『フェミニズムとは何か』についての論者の立場の試金石となるだろう」[13]。

後述するように、世界、とりわけアメリカのフェミニストが軍隊内男女平等を強く求めているのに対して、日本のフェミニズムにおいては、そのような論者は多数ではない（「序」参照）。このことには、上野千鶴子が日

10）2020年版『防衛白書』419頁。
11）『毎日新聞』2020年３月５日付朝刊。
12）2024年版『防衛白書』485頁。
13）上野千鶴子『生き延びるための思想〔新版〕』（岩波書店、2012年）55頁。

本の特殊性として挙げている歴史的背景が関係しているように思われる。上野の言う歴史的背景とは、日本が、第一に、非武装と交戦権の放棄をうたった世界的に見て稀有な国家だということ、第二に、戦後、国民軍と徴兵制を維持しなかった数少ない国の一つであるということ、第三に、冷戦体制下の日米安全保障体制の下で、軍備から免れてきたということ、第四に、自衛隊が「軍隊」であるかどうかという議論は棚上げされ、見えない軍隊としてタブー視されてきたということ、第五に、戦後半世紀以上のあいだ、一兵も国外に出さず、一人の戦死者も出さなかったということである[14)]。

憲法9条2項では軍隊の保持が禁じられているため、日本国憲法の下では、軍隊への女性の参入を求める主張は成り立たないはずである。しかし、先述したように、憲法規定と現実とは大きく乖離しており、このまま軍拡が進めば、女性をそこに取り込もうとする動きはますます加速すると考えられる。これに対し、平和憲法を持つ日本のフェミニズムは、軍隊への女性の参入を求める帝国主義的なアメリカフェミニズムに追随することなく、憲法の平和主義原理を生かしたフェミニズム理論を打ち立てるべきである。

以上のように、軍隊への女性の参入を推進するフェミニストに対抗する理論を検討し、さらに、平和主義とフェミニズムの相互関係を明らかにして両者を架橋する理論を構築したいということが、拙論を起こすに至った根本動機である。しかし、フェミニズムの「難問」であり、フェミニストの「試金石」でもあるこの問題を、それ自体として根本的に検討することは、筆者の手に余る大業である。そこで、本書においては、次に示す論点に絞って検討することで、そのようなフェミニズム平和理論の構築の糧としたいと考えている。まずは、女性の軍隊・戦闘参加をめぐるフェミニストの論争を概観したうえで（**序**）、軍隊への女性の参入をめぐる論争における重要な論点の一つとして、フェミニズム界で様々に論じられてきた自

14）上野千鶴子「英霊になる権利を女にも？──ジェンダー平等の罠──」同志社アメリカ研究35号（1999年）47-48頁。上野のこの認識は1999年時点のものであり、現在では自衛隊の海外派兵がなされている。

己決定権の問題について、憲法学の自己決定権論を踏まえて検討し直す（**第Ⅰ部**）。次に、軍隊において女性が実際に置かれている状況や男女共同参画に向けた取り組みを分析することで、軍隊における女性の立ち位置と、軍隊への女性の参入を推進することの意味について明らかにする（**第Ⅱ部**）。最後に、平和運動とフェミニズム運動との交わりについて検討し、平和主義とフェミニズムとの結節点の所在を探る（**第Ⅲ部**）。

序　女性の軍隊・戦闘参加をめぐる　フェミニストの論争

第1節　論争の背景と議論の類型化

軍隊への女性の参入の問題を検討するに先立って、この問題をめぐってこれまで行われてきたフェミニストの論争を概観する。この論争が最初に顕在化したのは、アメリカにおいてである。ベトナム戦争までは、米軍内の女性は、後方支援や医療要員に限られていた。しかし、1983年のグレナダ侵攻の際、約170人の女性軍人が、憲兵隊員、ヘリコプターのパイロット、トラック運転手などとして、侵攻に参加した[15)]。1989年のパナマ侵攻には、憲兵隊と戦闘支援部隊の117人の女性軍人が参加し、ある女性大尉が砲火の中30人の憲兵部隊を率いてパナマ軍と戦ったことが話題となった[16)]。1990年から1991年の湾岸戦争では、現役勤務軍人全体の12％にあたる米軍女性兵士が登場した[17)]。

そして、1990年９月16日、全米最大の女性組織であるNOW（National Organization for Women、全米女性機構）が、「戦闘中の女性に関する決議（Resolution on Women in Combat）」において、女性軍人の戦闘参加制限の解除を要求した[18)]。このことが、女性と軍事組織との関係に関する議論

15）Ann Wright, “The Roles Of US Army Women In Grenada”, *Minerva's Bulletin Board*, vol. 2, no. 2, 1984.

16）“Army And Air Force Women In Action In Panama”, *Minerva's Bulletin Board*, vol. 3, no. 1, 1990; *Austin American-Statesman*, 4 Jan. 1990, A11.

17）Cynthia Enloe, “The Politics Of Constructing The American Women Soldier As A Professionalized “First Class Citizen”: Some Lessons From The Gulf War”, *Minerva's Bulletin Board*, vol. 10, no. 1, 1992. このうち５人が戦闘中に死亡し、２人が捕虜となっている（上野・前掲注13）57頁；佐藤文香『軍事組織とジェンダー──自衛隊の女性たち』（慶應義塾大学出版会、2004年）14頁）。

の端緒となった。

佐藤文香は、軍事組織をめぐるジェンダーイデオロギーを類型化するために、差異志向（Difference）、平等志向（Equality）、軍事組織志向（Military）という三軸の組み合わせによる三元マトリックスを用いている。差異志向とは、「男女のカテゴリカルな差異を個人差よりも大きなものと認めるか否かにかかわる態度・信念」を、平等志向とは、「男女に対する権利と義務の平等な分配を認めるか否かにかかわる態度・信念」を、軍事組織志向とは、「国家の暴力装置としての軍事組織の存在を正当なものと認めるか否かにかかわる態度・信念」を指す。そして、男女の差異を個人差よりも大きなものと認める態度・信念をＤ＋、認めないものをＤ－、男女に対する権利と義務の平等な分配を認める態度・信念をＥ＋、認めないものをＥ－、軍事組織の存在を正当なものと認める態度・信念をＭ＋、認めないものをＭ－と表記した場合、この三元マトリックスによれば、ジェンダーイデオロギーの担い手は、「ミリタリスト伝統主義者」（Ｄ＋、Ｅ－、Ｍ＋）、「アンチミリタリスト伝統主義者」（Ｄ＋、Ｅ－、Ｍ－）、「ミリタリスト差異あり平等派」（Ｄ＋、Ｅ＋、Ｍ＋）、「アンチミリタリスト差異あり平等派」（Ｄ＋、Ｅ＋、Ｍ－）、「ミリタリスト平等派」（Ｄ－、Ｅ＋、Ｍ＋）、「アンチミリタリスト平等派」（Ｄ－、Ｅ＋、Ｍ－）、「ミリタリスト実力至上主義者」（Ｄ－、Ｅ－、Ｍ＋）、「アンチミリタリスト実力至上主義者」（Ｄ－、Ｅ－、Ｍ－）の８類型に分類される[19)]。

この８つのジェンダーイデオロギーのうち、最も広い意味で「フェミニスト」と形容しうるのは、平等志向が＋の４派（「ミリタリスト差異あり平等派」、「アンチミリタリスト差異あり平等派」、「ミリタリスト平等派」、「アンチミリタリスト平等派」）である。そして、軍隊や戦闘への参加の権利と義務の男女平等を主張する「ミリタリスト差異あり平等派」および「ミリタリスト平等派」と、それに対抗する「アンチミリタリスト差異あり平等

18）"Gulf Crisis Spurs Now To Adopt Resolutions On Military Women", *Minerva's Bulletin Board*, vol. 3, no. 2, 1990.

19）佐藤・前掲注17）50-85頁。

派」および「アンチミリタリスト平等派」がフェミニズム内部で激しく対立しているため、以下では、これらの主張を概観する。

第2節　推進派フェミニストの主張

男女平等を根拠として女性の軍隊・戦闘参加を推進するフェミニストが、「ミリタリスト平等派」および「ミリタリスト差異あり平等派」である[20)]。

前者に分類されるJudith Hicks Stiehmは次のように主張する。守られる者が暴力を用いずにいられるのは、守る者が暴力を用いるからであり、守られる者は守る者に従属している。したがって、守る者と守られる者とに分けられた社会よりも、社会的暴力の行使に等しく責を負う市民によって構成された社会のほうが望ましい。フェミニストは、生産手段と重要な仕事への女性のアクセスの必要性を論じており、経済領域における女性の従属を非難するのだから、軍事領域における従属をも拒絶することになるはずである[21)]。

Lucinda Peachによれば、女性の戦闘参加制限は、職業訓練や教育、その他軍隊がその従業員に与える利益にあずかる機会、職業的前進の機会を限定的なものにする。また、市民権は国家防衛に象徴的に結びつけられているため、そのような制限は、完全な市民権と市民としての責任を女性に否定することになる。市民としての義務を否定されるのならば、女性はほ

20）佐藤自身が指摘するように、このジェンダーイデオロギーの三元図式の軸は強弱を持ったスペクトルとして存在しており、同じ型の中にもヴァリエーションがある（佐藤・前掲注17）54頁）ため、単純に分類することは困難であり、筆者が本節で「推進派」として挙げた論者には、「ミリタリスト」というには軍事組織志向が弱いように思われる者も含まれている。しかし、本稿においては、軍事組織への否定的な姿勢を全くあるいはそれほど示さず、男女平等を一つの根拠として軍隊への女性の参入を求めている点を最重視して、そのような論者もこの分類に加えることとする。

21）Judith Hicks Stiehm, "The Protected, the Protector, the Defender", Alison M. Jaggar ed., *Living with Contradictions: Controversies in Feminist Social Ethics*, Westview Press, 1994, pp. 582-583.

かの公的生活領域における平等な取扱いを求めることはできない。女性が男性と完全に平等な市民になるためには、国家を防衛する平等な責任を果たすことが認められなければならないのである[22)]。

このような「ミリタリスト平等派」の単純な平等論に対し、「ミリタリスト差異あり平等派」の中には、女性の存在によって軍隊や戦闘がよりよいものとなるという見解が見られる。

NOW の創設者であり「ウーマン・リブの母」と呼ばれる Betty Friedan は、「男らしさの神話の要塞」であるウェストポイント陸軍士官学校を訪問した経験をもとに、軍隊への女性の参入について論じている。Friedan は、「部下の福祉を気づかうという点で、女子士官候補生は男子よりもすぐれた統率力を持って」いるという男性士官の話や、女性が入ることによって男性たちが変わり始めたという男性士官の話、男性たちが「単に戦争が好きで、暴力が好きで、人を殺しに殺しまくるため」に軍隊にいるのだとして憂いている女子士官候補生の話を引用したうえで、軍隊という「かつて男性の領域だった」場において「女性が平等な位置を占めることが女性の生存にとっても、社会の生存にとっても必要」であり、そのことによって、軍隊も女性も「変化し、進化していく」のだと主張する。Friedan によれば、男性は、主に英雄崇拝という見地から、戦闘任務や戦闘兵器支援を選ぶが、女性の場合には、英雄崇拝は目立たない。また、女性は、「人間の生命を奪う」という道徳的な問題を重視しているが、男性はこのことにあまり興味を持っていない。女性は、「決して男らしさの栄光のために殺すのではなく、人類のために役に立ち、価値あるものだという『モラルの問題』を十分考えた上で」、そうするのである。そして、「この国を守るために必要とされる戦略は、人間の生命や価値に敏感になれる強さを持とうとしている女性や男性の手中にある」[23)]。このように、Friedan は、生命についての関心が男性よりも鋭い女性が軍隊に入ること

---

22) Lucinda Peach, "Gender Ideology in the Ethics of Women in Combat", Judith Hicks Stiehm ed., *It's Our Military, Too!: Women and the U.S. Military*, Temple University Press, 1996, pp. 175-176.

によって、軍隊が人道的・道徳的に向上することが見込まれると考えているようである。

Friedan のように、女性の戦闘参加による軍隊の変革を期待する主張は、珍しいものではない。加納実紀代によれば、湾岸戦争当時、NOW の副会長であった Patricia Ireland は、戦闘行為に参加することによって、女性がより権限のある軍事的地位に就けば、その結果、未来の軍事紛争を阻止する可能性があると述べていた[24]。

こうした主張について、アメリカのフェミニスト政治学者である Jean Bethke Elshtain は、「希望的観測」であるとしている。それは、多くの女性兵士が、兵士の規律に同化し、男性兵士の行動を引き写しにすることを選んだからである。曰く、「多数の女性が徴兵されると、軍隊や戦闘は変化するだろう、とリベラル派は決まって言うが、そのようなナイーヴな決まり文句に私は執着しない。私には軍隊が女性を変化させるであろうと明確にわかる」。Elshtain は、しかし、「政治について男性に考えてもらい、行動してもらうつもりでいる」多くの女性たちよりは、女性兵士のほうがよいとする。そして、Elshtain は、多くの女性たちが男性だけの徴兵制を肯定していることを「悪い市民的信念」であると評価し、徴兵制自体には賛成できないとしつつも、徴兵制から女性が自動的に免除されてはならないと主張している。彼女によれば、「考えなしの無分別な平和主義は本当の平和主義ではない」[25]。

23）ベティ・フリーダン（下村満子訳）『セカンド・ステージ——新しい家族の創造』（集英社、1984年）（Betty Friedan, *The Second Stage*, Summit Books, 1981）194-232頁。佐藤・前掲注17）では、「アンチミリタリスト差異あり平等派」が軍事組織志向において揺れを示す例として Friedan が取り上げられている（67-68頁）が、Friedan の言説は「アンチミリタリスト」とするにはミリタリズム的要素が強すぎるように思われる。

24）加納実紀代『戦後史とジェンダー』（インパクト出版会、2005年）328頁。

25）ジーン・ベスキー・エルシュテイン（小林史子・廣川紀子訳）『女性と戦争』（法政大学出版局、1994年）（Jean Bethke Elshtain, *Women and War*, Basic Books, 1987）373-377頁。

1991年9月に行われた「女性・戦争・平和運動」をテーマとする日独女性問題シンポジウムでは、加納実紀代と対談した2人のドイツ人フェミニスト、Eva von Munch（ドイツ女性法律家連合会理事、ツァイト紙記者）とAngelika Wagner（ハンブルグ大学元副学長、フェミニスト心理学者でクオータ制の推進者[26)]）が、軍隊への女性の参入に賛同した。母性主義的でないフェミニズム平和理論構築の可能性を探る加納に対し、Munchは、フェミニズムはあくまでも女性に関する問題を扱っていく運動であり、平和運動は平和をテーマにしていくものであるから、両者は全く別の次元のものであり、領域をきっちり分けていく必要があると主張する。Munchによれば、民主主義という原則を選んでいる以上、その原則の中には国防も含まれる。そして、ドイツ連邦軍は、あくまでも純粋な国防軍で、防衛にしかあたれない。軍隊が、他国の攻撃ではなく自国の防衛にのみ専念するということは、意義のあることである。その前提の下に男女平等を考えると、女性が自国防衛軍に参加するのは意義のあることである。したがって、女性が、自分自身の責任で、兵役や戦闘に参加したいというのなら、その女性の意思を尊重すべきである。またWagnerも同様に、女性も、人生の様々な局面において、男性と同等のチャンスを与えられるべきであるとして、女性兵士はフェミニズムの男女平等の原則から肯定されると主張した。

Munch と Wagner も、Friedan らと同様に、女性が入ることによって軍隊が変わるということへの期待感を持っている。Wagnerは、男性は女性より明白に攻撃的であるという心理学者の調査結果と、男性は女性よりも殺人や暴力行為に及ぶ率が高いという犯罪統計学を論拠として、女性が軍隊で決定権を持つことによって、「世界がより平和になる」と主張する。Munchも、ソ連のクーデターで、赤の広場に集まった学生やデモ参加者を射撃するために装甲車が集められたが、彼らが砲撃を行わなかったことを例に挙げて、軍隊が民主的なものであることの必要性を説き、女性が戦争の仕方を変えられるという展望を語っている[27)]。

26）加納・前掲注24）327頁。

フランスの代表的なフェミニストであるElisabeth Badinterも、1992年に行われた落合恵子との対談において、NOWの立場に賛意を表明している[28)]。

ここまで見てきたアメリカ、ドイツ、フランスの論者は、いずれも軍隊の保持が許された国において活動しているフェミニストである。他方、憲法によって戦力不保持が定められている日本でも、軍隊への女性の参入に肯定的な主張が一部のフェミニストの間に見受けられる。

例えば、前述したBadinterとの対談の中で、落合恵子は、「いいことも悪いことも男女平等に担うべきである」と女性の軍隊参入を肯定し、暴力の被害者である女は、暴力や力の誇示が醜いものであることを歴史的に学んでいるはずであると述べている。

また、女性の政治参加の日米比較研究をしている相内真子は、NOWが、「戦争と平和の性別役割論、つまり男性＝戦争、女性＝平和とイメージされる『安易な』ステレオタイプ――これによって異端者の男性も女性もどれほど傷ついてきたことだろう――を徹底的に批判し平和運動と女性運動の『すっきりした』関係を提示した」ことを称賛している[29)]。相内によれば、「NOWの主張は、民主主義規範に照らして当然である」。相内は、NOWを批判するフェミニストに対し、次のように反論する。「ことの善悪はさておき、軍隊に入り出世してそれによって自己実現をはかろうとする男性を見逃しておきながら、女性にだけはなんとか水際でそれをやめさせようとする、これが性による二重基準＝ダブルスタンダードでなくしてなんであろう」。「問題の本質は、女性の軍隊への参入の『倫理上の』是非なのではなく、男性と同等の資格を持つ女性が、『女性である』というだ

27）以上、姫岡とし子・Eva von Munch・Angelika Wagner・加納実紀代「国際学術シンポジウム「女性・戦争・平和運動」」立命館言語文化研究3巻3号（1992年）1頁以下。

28）加納・前掲注24）335頁。その他フランスの論者の見解については、本書第Ⅱ部第3章第4節(2)参照。

29）相内真子「戦争と軍隊と女性――アメリカフェミニズムの立場から」自由学校「遊」通信第7号（1992年）3頁。

けの理由で軍隊のエリートコースへの参入を拒否されてきた『不条理』なのだ」[30]。

さらに、フェミニスト活動家である近藤恵子は、「人権の基本は自己決定権であり選択権である」としたうえで、女性が「悪をなす選択からも排除されている」ことを問題視して、自己決定権の保障の面からNOWの主張に賛同している[31]。この近藤の主張については、第Ⅰ部第1章第1節で詳しく見ることとする。

以上のように、世界中のフェミニストによって、軍隊への女性の参入や女性の戦闘参加を求める主張がなされており、彼女たちは、男女平等や女性の自己決定権、職業選択の自由をその論拠としている。

第3節　反対派フェミニストの主張

一方、こうした女性の軍隊参入推進派の主張に反対するフェミニストは、第1節で紹介した佐藤文香の類型化によれば、「アンチミリタリスト差異あり平等派」と「アンチミリタリスト平等派」の二者に分かれる。

「アンチミリタリスト差異あり平等派」は、男女の差異を個人差よりも大きなものと認めており、女性とは産む性であり生来的に平和主義的存在だということから、軍隊への女性の参入を求める主張に反対している。

例えば、Sara Ruddick は、母として子を育てることを戦争と矛盾する実践と位置づける。戦争になれば、子どもや家や家族など女性が関心を持つ日々の実践がすべて脅かされる。したがって、母親が戦争好きであるとしても戦争は母親の敵であり、母親が平和的でないとしても平和は母親の務めである。こうして Ruddick は、フェミニズムに平和の実現力を見出

30）相内真子「再び「戦争と軍隊と女性」」自由学校「遊」通信第10号（1992年）1－4頁。

31）近藤恵子「「フェミニズムと軍隊」論争――「自由学校“遊”」の討論から　軍隊内の女性差別撤廃決議（NOW）――私たちは何を選択するのか」婦人通信：社会主義をめざす婦人運動を創りあげよう！1992年8月号11頁。

そうとしている[32]。

日本でも、例えば日本母親大会は、「母親」を「母性をもつすべての女性」と位置づけ、「生命を生み出す母親は 生命を育て 生命を守ることをのぞみます」をスローガンに平和運動を行っている[33]。

しかし、銃後における女性の戦争協力の歴史[34]や、戦闘参加を求める女性の存在によって、女性＝平和主義者という図式の破綻は明らかになっている。それだけでなく、このような女性と平和とを結びつけるフェミニズムは、本質主義的であるとの批判を免れえない。本質主義（essentialism）とは、「本質を『原因』とみなし、その不変の属性から定例の現象が導き出されるとする考え方」[35]である。そして、フェミニズムの文脈においては、本質主義は、「文化的な条件づけをこえて、それ以前に、女性特有の本質があるという信念」[36]と理解される。そこでは、「性差の存在が前提されているだけでなく、性差が自然や生物学という基盤に立脚していると考えられている」[37]。そもそもフェミニズムは、こうした考え方によって論拠を与えられ正当化されてきた性分業や公私二元論、ステレオタイプなジェンダー規範を打破すべく闘ってきたものである。したがって、フェミニズムの主張の根拠が本質主義的なものであってはならない。

そこで、「アンチミリタリスト平等派」は、こうした本質主義に陥ることなく、推進派フェミニストに対抗することを試みている。

---

32) Sara Ruddick, "Notes Toward a Feminist Maternal Peace Politics", Jaggar ed., *supra* note 21), pp. 621-628.

33) 日本母親大会 WEB サイト、http://hahaoyataikai.jp/#（2024年5月3日閲覧）。同大会は、1955年に、前年のアメリカの水爆実験への反対運動として始まったものである。

34) 加納実紀代『女たちの〈銃後〉〔増補新版〕』（インパクト出版会、1995年）などに詳しい。

35) 竹村和子「「資本主義社会はもはや異性愛主義を必要としていない」のか――「同一性（アイデンティティ）の原理」をめぐってバトラーとフレイザーが言わなかったこと――」上野千鶴子編『構築主義とは何か』（勁草書房、2001年）236頁。

36) リサ・タトル（渡辺和子監訳）『〔新版〕フェミニズム事典』（明石書店、1998年）（Lisa Tuttle, ed., *Encyclopedia of feminism*, Longman, 1991）110頁。

37) 加藤秀一「構築主義と身体の臨界」上野編・前掲注35）177頁。

Betty Reardonは、『性差別主義と戦争システム』の中で、戦争が家父長制的な暴力の最大の行使であることの論証を試みている。Reardonは、「社会が男性のものだとしている任務のほとんどは、女性も遂行できることを証明することを主目的とした」フェミニズムを批判し、「『男に劣らない仕事をする』ということは、しばしば、男性の基準を受け入れることを意味し、したがって、支配的な男性の価値を強めることになる」[38] と主張する。Reardonによれば、このような女性の男性化は、戦争システムに新たな支援を提供することであり、戦争システムそのものが、女性差別主義と、他者への抑圧支配の構造を持つ男性中心社会の核心であるのだから、フェミニズムは、軍事国家と戦争システムそのものに反対しなければならない。

また、Cynthia Enloeは、男らしさの文化的・身体的特性が、組織としての軍隊の必要性とリンクされ、男らしさが軍国主義と緊密に結びつけられているということを指摘したうえで、この結びつきは切り離せるものであるとして、次のように主張する。市民文化の中に存在する男らしさの観念は、それだけでは政府が必要とする軍事力を打ち立てるのに十分ではないため、国家は徴兵を行い、厳しい訓練によって男らしさを軍事化する。すなわち、国家のこうした行為により、男らしさと軍国主義の結びつきが本質的なものではないということが明らかになっているのである[39]。

Helen Michalowskiも、ジェンダーに関する支配的イデオロギーの軍隊による利用・強化の構造について論じている。軍隊は、女性に対する優位性の感情、支配、攻撃、自他への肉体的暴力といった態度を先鋭化することで、男の子を軍人に仕立て上げる。軍隊での訓練の中で、男性はモノ化

---

38) Betty A. Reardon, *Sexism and the War System*, Syracuse University Press, 1985, p. 25（B. A. リアドン（山下史訳）『性差別主義と戦争システム』（勁草書房、1988年）46-47頁）.

39) Cynthia Enloe, *The morning after: sexual politics at the end of the Cold War*, University of California Press, 1993, pp. 51-56（シンシア・エンロー（池田悦子訳）『戦争の翌朝――ポスト冷戦時代をジェンダーで読む』（緑風出版、1999年）62-67頁）.

され、人間性を奪われ、服従させられるのである。そもそも、女性が軍隊に採用されるようになったのは、軍隊が男女平等に関心を持つようになったからではなく、若年男性人口が減少したためである。女性は確かに軍人になる権利と能力を持っているが、男性のようになることは女性にとって解放の一歩にはならない。女性に人殺しの訓練をするよりも、男性に生命を育むことを教えるべきである[40)]。

日本においても、少なからぬフェミニストが、軍隊への女性の参入を求めるフェミニストをこの立場から批判している。

「女性＝平和主義者という本質主義によらないフェミニズムと反戦の思想の構築」を自らの「思想的課題」とする上野千鶴子は、フェミニズムは単に国民国家における分配平等を要求する思想にすぎないのではないとしたうえで、「軍隊内男女平等イデオロギーに隠れて、フェミニズムと国家とのあいだに行われようとしている新たな『取引』を、フェミニズムは拒否しなければならない」と主張する[41)]。すなわち、フェミニズムは、国家の暴力を所与のものとしてその分配を求めるべきではないということである。

花崎皋平も、フェミニストの軍隊内男女平等要求は、「フェミニズムの自己否定につうずる深刻な問題を内蔵している」[42)]と、危機感をあらわにしている。花崎は、軍隊に与えられているのは、「国家が敵とさだめる人間の『殺人権』、その国の財産、施設、環境の『破壊権』」であると述べたうえで、「これまで男性がその権利を独占してきた『戦争権』、すなわち『殺人・破壊権』を分有することは、男性権力とより緊密な共同（共犯）

40）Helen Michalowski, "The Army Will Make a "Man" Out of You", Jaggar ed., *supra* note 21), pp. 592, 597. 佐藤・前掲注17）では、「女性性と平和との同一視」を理由としてMichalowskiが「アンチミリタリスト差異あり平等派」に類型化されている（66頁）が、Michalowskiは「男性性」や「女性性」をむしろ構築主義的に捉えているように筆者には思われたため、本稿では「アンチミリタリスト平等派」に分類した。

41）上野・前掲注13）78-82頁。

42）花崎皋平『個人／個人を超えるもの』（岩波書店、1996年）123頁。

関係に入ることであり、形式的平等の背後で他の被差別者をさらに差別する方向にコミットすること」であると批判し、「軍隊を廃することへコミットすることが、真の男女平等を実現することではないか」と主張している[43)]。

金井淑子は、「フェミニズムは、人類史における普遍的な性支配システムと理論的にも実践的にも格闘している思想であるがゆえに、戦争というもう一つの人類史上最大の暴力的抑制メカニズムと無関係であることはできない」として、この２つの抑圧の装置が通底していることを読み解く必要性を説いている[44)]。

白井洋子も、軍隊への女性の参入を求めるアメリカのフェミニズムを、「『男の領域』としての軍隊文化の土俵に女を引き込むだけのことであり、男中心の軍隊の枠内での『平等』でしかない」として批判している。自らが受けた性暴力被害を「不快、ただそれだけのこと」として片づけてしまう女性軍人の例からは、男性軍人が軍隊内でも侵略地でも女性をモノ化し、暴力に対して感覚を鈍化させるのと同じように、女性軍人も軍隊によって非人格化されるのだということがわかる。白井は、そのような「軍事化された思考」を危ぶんでいる[45)]。

加納実紀代は、ウーマン・リブやフェミニズムが、夫や子どもや家など、自分以外のもののために生きざるをえなかった女性たちに対して、自分のために生きていいのだと説いてきたということから、戦争反対の論理を導こうとする。曰く、「戦争というものがつねに『国家』を価値づけ、『私』を虫けらのように扱うことによって成り立つ以上、リブの『私』へのこだわりは戦争反対にとって意味を持つ」[46)]。そして加納は、フェミニズムが目指すべきものは、「戦争や軍隊そのものの解体であって、その中への

43）花崎皋平『〈共生〉への触発　脱植民地・多文化・倫理をめぐって』（みすず書房、2002年）186頁。
44）金井淑子『フェミニズム問題の転換』（勁草書房、1992年）149-184頁。
45）白井洋子「ベトナム戦争から湾岸戦争へ――軍隊とアメリカの女性たち――」季刊戦争責任研究第24号（1999年）８－９頁。
46）姫岡他・前掲注27）16頁。

『平等参加』ではない」[47]と明言し、自己決定権を根拠とする女性兵士肯定論に対しても反論を試みている[48]。自己決定権をめぐる加納の議論については、第Ｉ部第１章第２節で詳述する。

こうした「アンチミリタリスト平等派」の論者に共通しているのは、軍隊内男女平等要求をフェミニズムとは相いれないとしているということ、言い換えれば、平和主義ではなくフェミニズムそのものを淵源として、推進派批判を行っているということである。彼女たちは、女性の軍隊参加推進に対する拒否は、フェミニズムの当然の帰結であると考えている。このことは、上野の論証の仕方に顕著に見て取れる。上野は、「最初に戦争に対する不快感があります」とし、「その不快感を正当化するための方法」としてフェミニズムを用いる。「そうすると、どう考えてもこれはフェミニズムと矛盾するという結論が出てきます。つまりこれはレイプ・カルチャーに女が加担することである、という論理的帰結が出てきます」[49]。

このように、女性の軍隊参入要求を反フェミニズム的であるとする論者は、江原由美子の言葉を借りれば、「フェミニズムとして『正しい』解答のありかた」を前提としている[50]。だからこそ上野は、「本書の問題意識と構成」で見たように、この問題を「フェミニズムの試金石」と位置づけるのであり、あるいはまた加納は、この問題を「フェミニズムとはなにかが問われる『フェミニズムの究極のテーマ』」[51]だとしているのである。

47）加納・前掲注24）337頁。
48）加納・前掲注24）343-345頁。
49）花崎・前掲注43）262-263頁。この引用は、花崎との対談における上野の発言である。「レイプ・カルチャー」とは、「力でもって自分の言い分を通す」文化のあり方だとされている（254頁）。
50）江原由美子「ジェンダーの視点から見た近代国民国家と暴力」江原由美子編『性・暴力・ネーション』（勁草書房、1998年）320頁。
51）「ひろしま女性学講座」における発言（月刊家族第174・175合併号（2000年）５頁）。

第4節　小括

フェミニズムを、男性に与えられているあらゆる権利義務の女性への拡張を目指す思想と単純に捉えるべきではない。推進派フェミニストは、女性の戦闘参加の解禁を男女平等の前進とみなすが、それは単に今まで男性のものとされていた領域に女性が入れるようになったというだけのことである。また、推進派フェミニストの多くは、国家によって公認された暴力装置という軍隊の性質を不問に付し、女性を参入させることに執心しているが、そうして勝ちえた「平等」とはどのようなものなのか。暴力によって人を支配する軍隊と平等とは、本来相いれないものであるはずである。

Betty Friedanのように、女性の参加が軍隊や戦争を変えると主張する向きもあるが、「軍はタフであり、ふんだんに金があり、厳格な階層で築き上げられた組織である」ため、「軍のフェミニズム化よりも、軍に参加する女性の軍隊化のほうがずっと成功している」[52]。さらに、女性を軍隊に取り込むことによって、軍隊のイメージの向上を図る[53]など、女性たちの平等要求を国家が軍隊の強化に利用する危険性もある。軍隊の強化によって他者支配や暴力容認が強まることからすれば、そのような結末は避けなければならない。

上野千鶴子は、アメリカ同時多発テロに対する同国の報復を念頭に置き、次のように述べている。「もしあなたが非力なら、あなたは反撃しようとはしないだろう。なぜなら反撃する力があなたにはないからだ。あなたが

52）リーン・ハンリー（三木のぶ子訳）「湾岸戦争のなかの女たち」インパクション74号（1992年）（Lynne Hanley, “Women in the Gulf”, *Radical America*, vol. 23, no. 4, 1991）74頁。Hanleyは、「戦闘における女性の問題は、本質的にはキャリヤ主義者の問題だ」としたうえで、「男女同一をすすめれば、……（中略）……女性の才能やエネルギーを、戦争と大規模破壊を使命とする性差別主義者の機関のために活用させることになるだろう」と主張している（73-74頁）。

53）佐藤文香は、自衛隊の募集ポスターの変遷から、自衛隊が、女性の表象によって、平和創造者としての自衛隊イメージを作り出そうとしてきた様を描き出している（佐藤・前掲注17）183-203頁）。

反撃を選ぶのは、あなたにその力があるときにかぎられる。そしてその力とは、軍事力、つまり相手を有無を言わさずたたきのめし、したがわせるあからさまな暴力のことだ」。こうして、上野は、フェミニズムを、「女も男並みに強者になれる」という思想ではなく、「弱者が弱者のままで、尊重されることを求める思想」だとし、こう続ける。「フェミニズムは『やられたらやりかえせ』という道を採らない。相手から力づくでおしつけられるやりかたにノーを言おうとしている者たちが、同じように力づくで相手に自分の言い分をとおそうとすることは矛盾ではないだろうか。フェミニズムにかぎらない。弱者の解放は、『抑圧者に似る』ことではない」。このように述べて、上野は、「国家の非暴力化」を展望している[54]。

以上のように、フェミニズムが、強者になろうとする思想ではなく弱者のための思想であるとすれば、フェミニズムは、他者支配や暴力容認に抗うことになるはずである。よって、フェミニストの軍隊内男女平等要求は、あまりに単純すぎるように思われる。

一方、女性の戦闘参加に反対する側は、ややもすると女性と平和とを結びつけるジェンダー本質主義に陥りがちである。無論、そのような危険性を認識している論者も多いが、そうした人も、軍隊の存在自体に反対するあまり、現実の女性軍人の存在や彼女たちが抱えている困難が論点から抜け落ちてしまうという点に問題を残している。そしてこのことが、実際に批判の標的にされている。例えば中山道子や牟田和恵は、フェミニズムが、自衛隊の女性たちが受けている性差別から目を背けてきたと主張している。

中山は、戦後日本の憲法学の領域において、女性と軍隊の問題が全く取り上げられてこなかったということを指摘したうえで、日本のフェミニストの立場を批判する。中山によれば、国民主権を掲げる近代立憲国家においては、政治問題解決の方途は、ひとりひとりがいかにして「国民国家との同一化」という理念を実質化するかという形で志向される。そして、国民国家体制は、統治に関与しようとする市民に、自己統治への一つの手段

54）上野・前掲注13）ｖ－ⅵ頁。

を提供している。上野千鶴子は、「国民国家との同一化の罠に捕らわれずに、どうやって草の根の連帯ができるだろうか」と問い、フェミニズムは国民国家と取引きしてはならないと主張するが、このような立場は、女性が市民であろうとする試みそのものから逃避することを正当化することになる。また、「非暴力主義的反権力主義」は、フェミニズム自体の内在的要請ではないため、女性と軍隊という課題におけるアプリオリな解決は存在せず、個々の女性が判断を下すべき問題である。そして、日本では、自衛隊において女性に対する職域配置制限や女性の上限枠があり、「逆クオータ制」が行われている。自衛官を志望する女性の数は、採用数を大きく上回り続けており、1997年度版『防衛白書』によれば、男女が就くことのできるすべての職種において、女性の倍率は、男性のそれを大きく上回っていた。このように、自衛隊において、毎年何百人もの女性が、政府による就職差別に遭っているが、憲法学者は女性排除から、フェミニストは共犯嫌悪から、この現実を無視している[55]。

また、牟田は、軍隊からの女性の排除によって、女性が「奪われてきたもの」があるとして、3点指摘している。第一に、「近代国家において『市民権』は、国家に兵役の義務を尽くすことの報酬であったから、女性はつねに二流市民の座に甘んじてきた。女性が『国民』たりうるのは、兵士を生み育てる母の役割においてであって、近代の国民国家はもともとこうしたジェンダー差の構造を組み込んでこそ成立した。いま日本に軍隊はないわけだが、厳然と社会全体に存在し続ける性差別の構図は、そこに根を持ち続けているのではないか」。第二に、自衛隊や防衛大学校への入

55) 中山道子「論点としての「女性と軍隊」――女性排除と共犯嫌悪の奇妙な結婚――」江原編・前掲注50) 31-59頁。この中山の論考に対して、上野は、中山の議論は「国家という統治共同体に所属することは、国家暴力を含む制度悪に参加することを自動的に意味するという論理」を前提にしているとして批判し、「統治の範囲の中に、暴力による統治を所与として含める議論の方こそ相対化されなければならない」と、反論している。「日本の憲法学者がこの程度の議論しか立てられないとするならば、法学者の視野狭窄と保守性はあきらかである」と、辛辣である（上野・前掲注14) 56頁）。

隊・入学における女性の倍率が男性のそれを大きく上回って「極めて狭き門」となっている「逆アファーマティブ・アクション」を問題視し、「仮に自衛隊の存在に反対する立場をとるとしても、現にある自衛隊内での女性差別が放置されていいことにはならない。他の職域での女性の進出が欧米ほど進んでいないからといって、自衛隊内男女平等を求めるのが尚早というわけではないはずだ」と指摘する。第三に、「女性が兵役を免れ戦闘訓練から排除されていることは、かえって女性を暴力の犠牲者になりやすくしてきた。男性にだけ兵役の義務が課され戦士であることが割り当てられてきたことが、男性性の根源としての力・攻撃性・暴力性を作り上げてきた。逆に女性は、戦いを免除されることで攻撃性を奪われ、自分を守る力さえ奪われてきたのだ」として、「男は戦うもの、女は守られるものという考え方と、それに基づく社会化・訓練が、女性を本来以上に無力で、身体的にも精神的にも弱い存在に仕立て上げてきたことは間違いない」と結論づけている[56]。

以上のような問題を踏まえると、女性を軍隊に取り込めば平等が達成されるというような安易な考えを排しつつも、すでに存在している女性軍人の問題を把握したうえで、フェミニズム平和理論を構築することが求められる。

56）牟田和恵「女性兵士問題とフェミニズム」書斎の窓1999年４月号38-39頁。

第Ⅰ部

軍隊への女性の参入と自己決定権

序章

軍隊への女性の参入をめぐる論争の中では、それを女性の自己決定権の行使として正当化しうるか否かという問題について議論がなされてきた。しかし、憲法学からの応答がなかったために、ここでなされていた議論は、間然する所なしとするには程遠いものである。そこで第Ⅰ部では、憲法学の先行研究に依拠しつつ、そのような議論の妥当性を検討する。

まずは、行われてきた論争を簡単に分析することとする。加納実紀代によれば、日本における女性兵士論争は、次のような経過をたどった。まず、湾岸戦争後に、アメリカのフェミニストによる女性の戦闘参加要求が伝えられたことで、1991年ごろから、「第一次『フェミニズムと軍隊』論争」が、「〈平等〉や〈自己決定権〉といった普遍的価値を軸に展開された」。この時期の論争では、「社会のあらゆる領域における男女の完全な平等」を求めて女性兵士を肯定する立場に対し、反対派からは、体制内平等論の限界が主張された。これに対して、女性兵士肯定派は女性の自己決定権を主張し、「女性の戦闘参加問題は、平等から自己決定権の問題へとシフトした」。ここでは加納が、自己決定権を「軍隊という破壊殺戮をこととする集団に適用する危険性」を述べて、反対の論陣を張った。そして、1998年秋ごろから再び論争が活発化し、この「第二次『フェミニズムと軍隊』論争」では、「〈国家〉と〈暴力〉」がキーワードとされた[57]。

加納はこのように議論の移り変わりを示すが、論争を振り返ると、女性の軍隊参入・戦闘参加を批判する側は、体制内平等論の限界を指摘した後は、自己決定権の主張にはほとんど応答せず、「国家と暴力」に照準を合わせて論を展開したことがわかる。代表的な論者として、例えば、女性兵士問題を日本で初めてフェミニズムの観点から取り扱ったと言われる[58]

57）加納・前掲注24）356-366頁。

上野千鶴子は、「フェミニズムはたんに国家が占有し国民に恣意的に与えてきた市民的諸権利（義務を含む）の『分配平等』を要求する思想ではない」として、国家の暴力（軍隊）、さらには国民国家それ自体を相対化し、軍隊内男女平等要求を退けた[59]。また、佐藤文香は、自衛隊を研究対象として軍事組織とジェンダーを分析し、軍隊内男女共同参画が、国家の軍事化というコンテクストの中で行われていることを示した。佐藤は次のように言う。「『ミリタリスト平等派』のフェミニズムが、軍事組織への参入を『一流市民権』と結びつけ、これを推し進めようとしてきたこと、女性兵士の質量の拡大を『女性の一流国民化』の証であるかのように、フェミニストの勝ち取った『成果』として示してきたこと、これらは結果として、このロジックの延命に加担するものとなってきた」[60]。こうした立論・研究は、主に社会学者の手によってなされており、その他、社会学以外の立場からは、哲学者である花崎皋平が、「軍隊内の昇進コースへの参入機会の平等を要求すること」は、「これまで男性がその権利を独占してきた『戦争権』、すなわち『殺人・破壊権』を分有すること」であり、「形式的平等化の背後でほかの被差別者をさらに差別する方向へコミットすること」になるとして、「〈統治共同体〉と〈非武装〉という問題次元」から議論を組み立てていくことの必要性を説いた[61]。さらに、女性史研究者である加納も、「国民国家の統治に暴力を『所与』とする必要はない」として、「男たちが武力という強制手段を身につけたとき、女性支配が始まった」こと、軍事が「『男らしさ』を構築する」ことなどから、「フェミニズムの論理としての〈非武装〉」を提唱した[62]。

このように、反対派は、国家と暴力についての検討を通じて、フェミニズムを単純な平等論に還元するような見方を排してそこから非暴力を導出

58）加納・前掲注24）355頁。
59）上野・前掲注13）81頁。
60）佐藤・前掲注17）329頁。
61）花崎・前掲注43）186頁。
62）加納・前掲注24）366-368頁。

し、軍隊内男女平等が倒錯した要求であるということを主張してきた。他方、憲法学からの研究が不十分[63]ということもあってか、自己決定権の問題は、解明されることなく残り続けている。花崎が言うように、女性が軍隊に入るのは「個人の自己決定権による自由選択」であり、「『国民国家と暴力の関係』へと検討の軸を移さないかぎり、問題の核心に迫ることはできない」[64]からであろうか。しかし、女性兵士問題の本質がそちらであるとしても、自己決定権の問題を棚に上げておくことはできない。辻村みよ子が指摘するように、「女性が自己の職業を自主的に選択することを完全に批判しきれない点」に、この問題の「『難問』たる所以がある」[65]からである。辻村は、「女性の職業選択の自由・兵役参加権 vs. 母性保護・反戦平和主義」という論の立て方をしており[66]、女性兵士問題において、事実上女性の自己決定権の問題を提起している。憲法学の自己決定権論を踏まえた検討は不可欠である。

そこで、第1章では、日本でこれまで展開されてきた女性兵士論争における自己決定権をめぐる主張について概観し、第2章および第3章において、女性兵士になるという自己決定について憲法学の議論を援用しつつ検討する。

63）関連する憲法学の研究としては、「本書の問題意識と構成」で触れた辻村みよ子による問題提起があるほか、中山道子が、自衛隊や防衛大学校への女性の入隊・入学において、女性の倍率が男性の倍率よりも高いことを「逆クオータ制」であると批判し、自衛隊内男女平等を求めている（「序」の第4節参照）。また、女性兵士問題それ自体を扱ったものではないが、女性自衛官の活躍の推進がジェンダー平等の阻害要因になることを示唆した清末愛砂の分析（清末・前掲注2）168-178頁）や、志田陽子「軍事国家化とジェンダー・セクシュアリティ――レスペクタビリティ論を戦争責任論へ摂取する一試論――」浦田賢治編『非核平和の追求　松井康浩弁護士喜寿記念』（日本評論社、1999年）289-311頁、水島朝穂「ジェンダーと軍隊　欧州裁判所判決とドイツ基本法」法時73巻4号（2001年）59-63頁などがある。

64）花崎・前掲注43）203頁。

65）辻村・前掲注4）116-117頁。

66）辻村・前掲注4）108頁以下。

第１章
女性兵士論争における自己決定権をめぐる主張

第１節　推進派の自己決定権論

軍隊への女性の参入や軍隊内男女平等を推進する議論は、女性の自己決定権をその論拠の一つとする。例えば、近藤恵子は次のように述べて、NOW の主張に賛同する。「人として生きる権利――人権の基本は、自己決定権であり選択権であると私は考えている。機会の平等、結果の平等ということを、運動の様々な局面で私たちは訴えてきたが、女たちをはじめとするマイノリティは入り口から出口まで、あらゆる場面で自己決定の権利をはばまれている。フェミニズムと軍隊の問題を考える時、念頭にあるのはこのことである。あえて誤解をおそれずにいえば、マイノリティは悪をなす選択からも排除されている」[67]。

また、相内真子は、女性兵士問題の本質は、「男性と同等の資格を持つ女性が、『女性である』というだけの理由で軍隊のエリートコースへの参入を拒否されてきた『不条理』」であるとする。そして、NOW を批判するフェミニストを、「軍隊に入り出世してそれによって自己実現をはかろうとする男性を見逃しておきながら、女性にだけはなんとか水際でそれをやめさせようとする」「ダブルスタンダード」であると論難する。相内は、「女性が男性と平等に軍隊へ参加する権利」を強調し、「女性がどの戦争に参加しどの戦争に参加しないかは、女性自身が判断する問題」であると述べている[68]。自己決定権という言葉こそ用いていないが、近藤と同様に、

67）近藤・前掲注31）11頁。
68）相内・前掲注30）１－４頁。

女性の自己決定権から女性兵士を肯定していると考えても差し支えないだろう。

第2節　反対派からの反論

前節で見たような単純な自己決定権論に対し、加納実紀代は、「軍隊内男女平等と自己決定権」と題した論稿において次のように反論する。軍隊は、「国家への忠誠と命令服従のシステムによって成り立っている。つまり『人権』や『平等』、『自己決定権』という概念ともっとも馴染まないのが軍隊というものだ。自己決定の結果軍隊に入るとする。そこにあるのは自己決定不可能な命令服従のシステムである。そして戦闘部署への参入を自己決定すれば、命令のままに殺人と破壊をこととしなければならない」。もっとも、「自己決定権には、自己決定権の喪失を自己決定する権利も含まれるはずだ。人は不自由を選択する自由も認められるべきである」。しかし、軍隊における自己決定権は、「他の自己決定権をおかす可能性がある。軍隊は、国家が『敵』と定めた国の人びとを殺すことを任務とする。……（中略）……他人の自己決定権どころか生存権までおかすものなのだ」。したがって、そのような自己決定権は、「『人権』や『平等』を真向から否定するものとなりうる」。以上のことから、加納は、「軍隊内男女平等を考えるにあたっては、『自己決定権』を絶対的価値として最優先」すべきではないと結論づける[69)]。

第3節　小括

軍隊内男女平等を求める論者は、女性が軍隊に入ることを自己決定権の行使として正当化している。しかし、そのような主張は、自己決定権の内容や射程についての精査を全くしないまま、自分のことなら何でも自分で

69）加納・前掲注24）343-345頁。

決められるはずだと強弁しているにすぎない。

他方で、それに対抗する加納の議論は、軍隊への女性の参入要求を批判する論者によりしばしば参照されており[70)]、近藤や相内のような自己決定権の考え方に対する反論として受け入れられているようである。しかし、加納の論理にも、次のような問題がある。まず、加納は、軍隊への参入を自己決定権によって肯定することを、軍事組織の「自己決定不可能な」性質ゆえに否定する。これは、自己決定権を放棄するような自己決定は自己決定権の行使として認められないとの主張であるように読める。しかし、加納は続けて、「自己決定権の喪失を自己決定する権利」を認めてしまう。この論理では軍隊が「命令服従のシステム」であろうと、そこに入る自己決定権を否定することはできない。とすると、加納の議論の主眼は、軍隊における自己決定権が「他人の自己決定権どころか生存権までおかす」という点にあるのだろうか。そうであるならば、軍隊が「命令服従のシステム」であるか否かにかかわらず、憲法学で言うところの内在的制約[71)]を指摘すればそれで事足りることになる。軍隊が「命令服従のシステム」であるので、そのような組織における自己決定権は「『人権』や『平等』を真向から否定する」ものとなり、「『自己決定権』を絶対的価値として最優先」すべきでないとの結論に至るためには、自己決定権の内容や射程に加え、軍事組織の性質、そこに参入するという自己決定の背景やその自己決定が意味するものなどを子細に検討する必要がある。

以上のように、女性の軍隊・戦闘参加を自己決定権の行使として肯定する議論もそれを批判する議論も、自己決定権の内容や射程を踏まえずに、単純な、あるいは不明確な自己決定権観に基づいて展開されている。他方、憲法学においては、自己決定権論についての豊富な蓄積がある。前述した

70）例えば、花崎・前掲注42）131頁。

71）内在的制約とは、基本的人権に内在する制約であるが、その中核部分として人権相互の矛盾・衝突を調整する実質的公平原理があり（長谷部恭男編『注釈日本国憲法(2)　国民の権利及び義務(1)§§10~24』（有斐閣、2017年）148頁〔土井真一執筆〕）、加納の主張はこの点の指摘にすぎない。

ように、女性兵士問題において自己決定権が極めて重要な問題であることに鑑みれば、憲法学の先行研究を踏まえた検討が要求される。

第２章

環境や誘導に影響を受ける自己決定

自己決定権とは、「一定の個人的事柄について、公権力から干渉されることなく、自ら決定することができる権利」であり、憲法13条の幸福追求権の一部を構成すると解されている。通説である人格的利益説では、自己決定権の内容は、「『基本的人権』と捉えるにふさわしい内実」をもつものでなければならないとされており、「個人が自己の人生を築いていくうえで基本的重要性をもつと考える事柄」についての自己決定権が憲法上保障されることになる[72)]。

前章で見たように、女性兵士問題における自己決定をめぐるこれまでの議論では、近藤恵子が「悪をなす選択」を含むあらゆる事柄が「自己決定の権利」の対象になると考えていたり、加納実紀代が「自己決定権には、自己決定権の喪失を自己決定する権利も含まれる」としていたりするなど、管見の限りでは、自己決定権を、ありとあらゆる行為をなしうる限界のないものと捉えているかのごとき主張ばかりがなされているようである。これらは、13条が「人の生存活動全般にわたる自由を広く保障する」と解する一般的自由説に立つようにも見える。一般的自由説では一応の自由を想定したうえで制約を認めるのが通常であるから、加納の場合はまさに一般的自由説として理解が可能である。他方、近藤の場合には、制約の存在が全く観念されていないため、一般的自由説として考えても粗雑な議論になってしまう。しかし、自己決定権として考える以上、憲法学における研究成果を踏まえて議論がなされる必要がある。

自己決定といえども、環境や誘導に影響を受けるものであるため、本章

72）佐藤幸治『日本国憲法論〔第２版〕』（成文堂、2020年）212頁。

では、自己決定の環境についての憲法学界における議論を概観したうえで、女性兵士になるという自己決定がなされる環境を分析し（第1節）、環境要因に加えてさらなる誘因により自己決定がなされる問題との関係でも、女性兵士になるという自己決定を検討する（第2節）。

第1節　自己決定の環境

(1)　学説状況

自己決定権に関しては、その行使の前提となる環境や社会的条件について、以下のような議論がある。

まず、「自己決定の環境」について、例えば小泉良幸は次のように述べる。「具体的個人は、つねに・すでに『環境』のなかに巻き込まれて『在る』。リベラリズムが、自己決定＝自己責任を要求するのであるならば、その、道徳理論上の前提として、『環境』という偶然のもたらす不公正の是正もまた要求される」[73]。髙井裕之も、「自己決定の環境」の問題として、「自己決定の際の選択の対象が限られていては、あるいは選択した事柄を実現できなければ、実質的に自己決定権は個人にとって価値が乏しいことになりかねない」と指摘する[74]。

また、中山茂樹は、「自己決定の社会的条件」として、同様の問題に言及する。人は、その環境となる関係性の中で自己決定を行っており、その中には、社会的圧力などの下での「そうせざるをえない選択」もある。したがって、「社会における権力の布置の問題」に留意する必要があるにもかかわらず、そのような社会的条件に無頓着であれば、自己決定に依拠し

73）小泉良幸『個人として尊重――「われら国民」のゆくえ』（勁草書房、2016年）8頁。

74）髙井裕之「ハンディキャップによる差別からの自由」岩波講座 現代の法14『自己決定権と法』（岩波書店、1998年）223頁。髙井は、「障害者・高齢者が外出してある場所に行きたいと思っても、そこに行くための移動・交通手段がなければ、あるいは困難・不便を伴えば、実質的に移動の自由は保障されていない」という例を挙げる。

て社会のあり方が不問に付されることになる[75)]。

江原由美子は、「自己決定ができる条件」として、「情報が十分に提供されていること」や、それが「強制や脅迫・誘導がない状況で判断した決定」であることなどを挙げ、「周囲の人々」には、「十分な情報を提供し、本人が理解できたかどうかを確認し、強制や脅迫や誘導がない状況を作り、それらがないと確認すること」が求められるとする。こうした条件の存在を前提としたうえで、さらに江原は、「自己決定以上に優先されるべき価値がある場合」があり、「本人にとって思わしくない結果を導くような場合には、『自己決定に任せるべきではない』という判断も必要」であると主張する。「『何が自己決定に任されるべきなのか』の判断が必要とされているのであって、『どんなこともすべて自己決定に任されるべきだ』ということにはならない」のである[76)]。

高井や江原によるこうした議論も踏まえて、平岡章夫は、「集団・カテゴリー間の『平等な選択の自由』」、「より多くの選択の自由」こそが必要であると述べる。平岡は、「女性の売春業への従事を『性的自己決定権』の行使として正当化するような議論」の「欠陥」を示す。人生の選択肢として、自らの性を商品化して生活基盤とするような人生選択肢Ａ、専業主婦（夫）や低賃金の臨時労働者としての人生選択肢Ｂ、社会的地位が高く賃金も恵まれているような労働を生活基盤とする人生選択肢Ｃ・Ｄ・Ｅがあり、Ａは「女性にとってはある種『ありふれた』ものであると言えるが、男性にとってもそうであるとは言い難い」状況、Ｂは「女性に親和性があるが、男性にも社会的に『開かれていない』ものとは言えない」状況、Ｃ・Ｄ・Ｅは「女性に全く開かれていないわけではないにしても、圧倒的に男性のものである」状況である場合には、女性が一見「自発的」にＡの選択肢に引き寄せられることが想定される。ここで、「『自己決定権』という概念を導入してしまうと、少なくともＡとＢという２つの選択肢

75）中山茂樹「憲法学と生命倫理」公法研究73号（2011年）174頁。
76）江原由美子『自己決定権とジェンダー』（岩波書店、2012年）216-221頁。

は与えられているのであるから、女性のＡという選択は『自己決定権』行使の結果として『尊重』すべきということになる。その際、選択肢そのものが不平等である状況は不問に付されやすい」。平岡は、「『自己決定権』の名の下に特定の選択結果を擁護する」ような態度は、「現存する権力関係を丸ごと肯定する以上の機能を持たない」とする。「ある『選択』が『被抑圧者』によってなされたものであればこそ、その選択を『自己決定権』の名の下に『尊重』しようとする動きが出てきた」のである[77)]。

このような問題は、近年、ナッジや選択アーキテクチャ[78)]をめぐる議論において、俎上に載せられている。リバタリアン・パターナリストは、選択の自由を重視しつつ、より良い選択への選択アーキテクト（設計者）による誘導を主張する[79)]。アーキテクチャ（様々な行為の可能性の前提となる物理的・技術的構造）は、「つねに、一定の範囲の選択肢を構成する反面で、それ以外の選択肢を排除している」が、「『選択アーキテクチャ』または『ナッジ』の概念は、一定の選択肢の内部の構造に着目するいっぽうで、排除された選択肢に目を向けない」[80)]。また、ナッジには、「あたかも当人の選択であるかのように装って干渉者の責任を被干渉者に転嫁する余地がつねにある」[81)]。このように、自己決定権の観念が、与えられた選択肢

77）平岡章夫『多極競合的人権理論の可能性――「自己決定権」批判の理論として――』（成文堂、2013年）76-78頁。

78）ナッジとは、「命令や禁止令を課さずに、人々の選択を特定の方向に向けさせる」ことであり、選択アーキテクチャは、「われわれが選択するかどうか、するとしたらいつ、どのように選択するかを規定する」（Cass R. Sunstein, *Choosing Not to Choose: Understanding the value of Choice*, Oxford University Press, 2015, pp. 5-6（キャス・サンスティーン（伊達尚美訳）『選択しないという選択　ビッグデータで変わる「自由」のかたち』（勁草書房、2017年）9-10頁））。

79）Richard H. Thaler and Cass R. Sunstein, *Nudge: Improving Decisions About Health, Wealth, and Happiness*, Yale University Press, 2008, p. 5（リチャード・セイラー、キャス・サンスティーン（遠藤真美訳）『実践　行動経済学――健康、富、幸福への聡明な選択』（日経BP社、2009年）16-17頁）.

80）成原慧「それでもアーキテクチャは自由への脅威なのか？」那須耕介・橋本努編著『ナッジ!?　自由でおせっかいなリバタリアンパターナリズム』（勁草書房、2020年）86頁。

の中での選択の強制の存在を覆い隠す機能や、社会構造を与件として正当化する機能を果たすことが懸念される。

以上のように、自己決定権とは、無条件に主張しうる性質のものではなく、当該自己決定がなされる状況を無視して安易に持ち出すことには問題がある。したがって、女性兵士になるという自己決定についても、それを自己決定権行使として正当化できるのか、まずはその自己決定が行われる状況との関係で検討が必要である。

(2)　女性が軍隊に入る環境要因

自己決定の環境の問題は、女性兵士問題においては、女性の社会的・経済的地位の低さの問題として顕現する。女性が軍隊に入る背景に経済的要因があることは、様々な国の軍隊について指摘されている。

例えば、社会学者のVincent Porteretによれば、フランスでは、何人かの女性は、軍人になりたかったという以前に仕事を行いたかったのだと証言しており、最も学歴のない女性たちは、軍職を一般的な公務員の職と同様の安定した職と考え、軍隊を就労における最後の頼みの綱と捉えている[82]。

また、Cynthia Enloeによれば、アメリカ政府が米軍における女性軍人の数と割合を大幅に増やすことを決定したのは、男性徴兵制の終焉による兵員不足を補うためであった[83]。Ilene Rose Feinmanも、アメリカで女性が軍隊に入る第一の理由は、経済的なものであると指摘する[84]。さらに、佐藤文香も、米軍が雇用創出の場となっており、市民領域で不利益を被っ

---

81) 那須耕介「ナッジはどうして嫌われる？　ナッジ批判とその乗り越え方」那須・橋本編著・前掲注80）56頁。

82) Vincent Porteret, « À la recherche du nouveau visage des armées et des militaires français : les études sociologiques du Centre d'études en sciences sociales de la défense », *Revue française de sociologie*, n° 44-4, 2003, p. 804.

83) Enloe, *supra* note 39), p. 207.

84) Ilene Rose Feinman, *Citizenship Rites: feminist soldiers and feminist antimilitarists*, New York University Press, 2000, p. 51.

ている層をより強く引きつけていること、そして女性の場合にはより一層その傾向が強くなることを示している[85)]。

日本でも、給与や手当をもらいながら教育を受けることのできる自衛隊が、経済状況の苦しい家庭の子どもたちに教育の機会を与える機能を実質的に果たしてきたとされており、佐藤の調査・分析でも、女性自衛官が入隊理由として経済的要因について言及する例が多く見られる[86)]。

このように、女性が、外的要因によって軍隊に吸い込まれていくという実態がある。経済的徴兵制の問題はこれまでも指摘されてきたところではあるが、女性の場合には、社会的・経済的地位の不安定さがあるため、状況はより深刻なのである。したがって、自己決定の環境が整っているとはいいがたい。

第２節　危険な行為への誘引と自己決定

(1)　危険な行為の自己決定を導く仕組み

前節では、自己決定は外的要因の影響を受けるため、自己決定がなされる背景を度外視してはならないということを示してきたが、さらに、当該自己決定に至るまでに必要な誘引力の強度が、自己決定主体の置かれた状況のみならず、自己決定対象の内容によって異なることを指摘できる。すなわち、困難な状況に置かれた人が、そのような状況に置かれていなければしなかったであろう自己決定をしてしまうというだけでなく、その自己決定のハードルが低ければ容易にそれをしてしまう一方、高いとしても、さらなる誘因によってその自己決定が誘引されることになる。

この点に関連して、平岡章夫は、自己決定の対象が、「危険な行為」、すなわち「『自分自身にとって危険な結果をもたらす』自発的な行為」である場合に自己決定権を持ち出すことの問題を指摘する。危険な行為の中に

85)　佐藤・前掲注３）64-66頁。
86)　佐藤・前掲注17）227-229頁。

は、警察や消防機関、軍隊などの構成員が日常業務として行う活動や、建築現場・工場現場での肉体労働など、国家や社会から求められているものも多くある。そして、一般的に、「精神労働よりも肉体労働のほうに貧困層などの『自発的』希望が集中するという傾向は明らかであり、その結果として、『危険の分配』における不平等が固定化する」。仮に、危険な行為に自発的に従事する人々を社会が調達できなくなった場合には、報酬の引き上げや社会的イメージの向上によって、人材を確保することが考えられ、確保できない場合でも、危険な行為を強制することは認められない。しかし、例えば高い報酬によって危険な行為への従事を選択する個人が、極度の貧困状態にあり、他の職業に従事する選択肢がないのであれば、その選択は、限りなく強制されたものに近づく。このようにして、平岡は、とりわけ国家・社会が必要とする危険な行為への従事を自己決定権の行使として正当化することは、不平等の固定化や特定の社会的階級に対する抑圧を後押しすることになると結論づける[87)]。

以上の平岡の議論は、自己決定が環境要因に左右されるという問題が、その対象が危険な行為であり、国家や社会がそれを必要としている場合に一層深刻化するということを示している。危険な行為を行うという自己決定をさせるためには、より強い誘因が必要であるところ、そのような誘因による選択を自己決定権行使の結果とすることにより、特定の社会階層を取り込んだ誘因は不可視化され、不平等社会は不問に付されてしまうので

87）平岡・前掲注77）126-130頁。ポール・ウィリスは、労働者階級の子が、「反学校の文化」の中で、「自分の将来をすすんで筋肉労働者と位置づけ」ていく過程を分析し、それを、「自由ならざる境遇を自由意志で選択する過程」であるとしている（Paul Willis, *Learning to Labor: How Working-Class Kids Get Working-Class Jobs*, Columbia University Press, 1977, pp. 3, 156（ポール・ウィリス（熊沢誠・山田潤訳）『ハマータウンの野郎ども　学校への反抗・労働への順応』（筑摩書房、1996年）17、289-290頁））が、平岡はこれを参照し、「社会における『構造的劣位者』の地位に属する人々が、そのような社会構造を再生産するような人生選択を『自発的に』行っていく社会的メカニズム」について述べている。自己決定権の行使として当該選択に肯定的評価を与えることは、そのメカニズムの追認になるのである（平岡・前掲注77）106-107頁）。

ある。

(2)　女性の軍隊への誘引

軍隊は、生命・身体への危険が極めて大きいうえ、ほとんどの国家がその存在を要求する組織であることから、軍隊に入るという自己決定は、平岡が問題視する「危険な行為」の自己決定の典型とも言いうる。そして、人材確保が課題となっており、様々な施策が講じられた結果、女性が取り込まれている。

例えば、米軍は、1972年の徴兵制廃止以降、人員不足を補うために女性兵士のリクルートに積極的になった。その際、軍隊が、雇用機会や教育・職業訓練の機会としても女性にとって魅力的な条件を提供したことに加え、男性の失業率の上昇と離婚率の増加という要因もあって、家計支持者であるシングルマザーや、夫が失業中の既婚女性が軍隊に進出した。軍隊は女性兵士にチャイルドケアまで提供したという[88)]。

また、フランスでも、徴兵制廃止による兵員不足や、軍隊を男女平等の組織として提示したいという要求などから、軍隊自身が女性を必要とする状況にある。そこで、フランスは、軍隊内の保育所の増設や、産休・育休後の職場復帰支援などを含む積極的な軍隊内男女平等政策を行い、実際に女性兵士比率を上昇させている[89)]。増えた女性の内訳については不明であるが、前述のように女性が軍隊を「最後の頼みの綱」としている状況において、軍隊が女性の就労条件を向上すれば、そしてまた、市民社会における福祉の充実度が低下すれば、困難を抱えた女性が取り込まれていくことは容易に予測できる。

さらに、市民社会における女性の地位の低さや自己実現の困難さを利用して、軍隊は平等な組織であり、軍隊でこそ女性は自己実現ができるのだという誘導もありうる。佐藤文香の調査によれば、女性の自衛隊への入隊

88）上野・前掲注13）56-59頁。
89）詳しくは、本書第Ⅱ部第３章参照。

動機として、自衛隊が「『性別にこだわらず実力主義』で能力が発揮できる特権的な場所」であること、「頑張れば頑張るだけ、女性、男性という区別なくやっていける職場というのは他になかった」ということなどが、女性自衛官の口から語られている。その他、新聞報道に登場する女性自衛官の中にも、民間企業よりも自衛隊のほうが、差別がなく公正で男女平等な職場であるとの認識が多く見られるという[90)]。

加えて、佐藤によれば、昨今では、「穏やかさや他者への共感、争いを調停する融和的なふるまい」といった、「女性が軍隊には適さない理由とされてきたジェンダーステレオタイプ」を、反対に、男性よりも女性のほうが軍隊に適していることの根拠とする主張がなされるようになった。それは、平和維持活動において、男性の存在そのものが地元の人々を挑発してしまうことや、地元の女性たちが男性よりも女性に信頼を寄せるため、女性の存在が任務の遂行をスムーズにすることによるものである[91)]。

こうした状況を踏まえれば、軍隊は男女平等で女性が活躍できる職場であるとの認識の植えつけが、市民社会における女性の地位の脆弱さと相俟って、女性を軍隊に誘導することも考えられる。

第３節　小括

社会的・経済的に立場の弱い女性が、高い報酬や教育・職業訓練の機会を求めて軍隊に入る例も多くあるのであり、軍隊に入るという自己決定の背景に、女性の地位の問題があることは等閑視すべきではない。このような状況において軍隊に入るという選択をする女性は、「自己決定の環境」や「社会的条件」が整ったなかで、あるいは「誘導がない状況」で、当該意思決定をしたといえるのか、また、提示された選択肢自体に問題はなかったのか、大いに疑問である。

90）佐藤・前掲注17）229-230頁。
91）佐藤・前掲注３）133-135頁。

そして、こうした外的要因に加え、軍隊が、国家により必要とされる危険な組織であり、特に女性を必要としていることから懸念される問題もある。国家は、そのような危険な組織への女性の参入動機を強めるために、女性を引きつける政策を積極的に行っているため、そうした状況下での意思決定を自己決定権の行使として正当化することにより、国策による誘導の結果に自己決定の外観が付与され、危険の分配における不平等の問題が温存されてしまうということである。

以上のように、自己決定が外的要因による影響を受けること、そして、女性を軍隊に包摂しようとする国家的策謀があることに鑑みれば、女性兵士になることを自己決定権の行使として正当化すべきではないように思われる。しかし、それでは、女性の地位が向上し女性に十分な選択肢が与えられていると判断できる社会状況になれば、軍隊への参入という選択を自己決定権の行使として肯定しうるということになりそうだが、それについては次章で検討する。

第３章

自己決定権に対するパターナリスティックな制約

本章では、まず、自己加害の阻止や人間の尊厳の擁護を目的とする自己決定権の制約の可能性を明らかにし（第１節）、次に、女性兵士になるという自己決定を自己決定権の行使として正当化できるのかについて検討する（第２節）。

第１節　他者加害原理以外の理由による自己決定権の制約

基本的人権の制約の出発点は他者加害原理であるが、人権の観念は、「人間の尊厳」を基礎としており、日本国憲法でも、「個人の尊重」や「個人の尊厳」は、人権保障の根幹をなしている[92)]。そうだとすると、他人を害しない自己決定でも、それによって当人の尊厳が傷つけられる場合に、当該自己決定を自己決定権の行使として正当化することは、その土台を掘り崩すこととなるため認められないのではないかという問題が生じる。

反パターナリズムで知られる J. S. Mill でさえも、「当事者自身に危害を与えるような契約」、例えば「自分自身を奴隷として売り渡す契約」や

92）ヨンパルトは、「人間の尊厳」と「個人の尊重」を区別し、「人間の尊厳」は無条件に尊重されるべきであるが「個人の尊重」はその限りではないこと、各個人は個人としてではなく人間として尊厳を有することなどを指摘する（ホセ・ヨンパルト『人間の尊厳と国家の権力　その思想と現実、理論と歴史』（成文堂、1990年）77-86頁）。他方、玉蟲由樹は、憲法13条の「個人の尊重」には、「人間の尊厳」の尊重と「個人の尊厳」の尊重が「同時かつ複層的に含まれる」と考え、「人間の尊厳が個人の尊厳に絶対的に優位するわけでもない」とする（玉蟲由樹「個人の尊厳と自己決定権」愛敬浩二編『講座　立憲主義と憲法学（第２巻）人権Ｉ』（信山社、2022年）45頁）など、様々な理解がある。

「自分が奴隷として売られることを認める契約」は無効であると認めている。それは、「自分自身を奴隷として売る人は、この行為だけで、それ以降、将来の自由の行使をあらかじめ放棄することになる」ため、「自分のことは自分で処理してよい、ということに正当性を与えている目的そのものを、自ら否定してしまっている」からである。「自由の原理は、人が自由でなくなる自由を持つことを要求できない。本人の自由を放棄するのを許すことは、自由ではない」[93]。

このように、自己決定権には他者加害原理以外の制約原理もあると考えられる。そこで、本節では、⑴自己加害阻止原理についての憲法学説を示し、⑵人間の尊厳をめぐる日仏の議論とフランスの公法判例を通して、自己決定権の制約可能性について明らかにする。

⑴　自己加害阻止原理

憲法学においては、自己加害を阻止するための自己決定権の制約についての議論がなされている。

佐藤幸治は、「『自己危害』に対する制約」として、本人の「人格的自律そのものを回復不可能なほど永続的に害する場合」に、「限定されたパターナリスチックな制約」がありうるとする。これは、内在的制約や外在的制約とは明確に区別された「第３の範疇」の制約と位置づけられる[94]。また、内野正幸は、「自由制約正当化事由」として、「本人の客観的利益の保護」を挙げ、佐藤と同様に、このような制約を「第三の範疇」に属するものとして位置づける[95]。

中山茂樹は、よく知った上で同意したとしても、医師でない者から業としての医行為を受けることはできない（医師法17条）など、本人の自己決定に反しても、身体の処分については規制できることを示す。その根拠は、

93）J. S. ミル（関口正司訳）『自由論』（岩波書店、2020年）（John Stuart Mill, *On Liberty*, 4th ed., Longman, Green, Reader and Dyer, 1869）225-226頁。

94）佐藤・前掲注72）154頁。

95）内野正幸『憲法解釈の論理と体系』（日本評論社、1991年）340-341頁。

一見「『自己決定』に見えるものが実は自発的・任意的なものではなく、圧力を加えられて示されている可能性」や、「本人の自己決定にかかわりなく、人の道具化・手段化を防ぐ」必要性などである。したがって、「憲法上の権利として『自己の身体の処分に関する自己決定権』という範疇化は適切ではない」ということになる[96)]。

土井真一も、自己決定が尊重されなければならないのは、その人が「人格としてその根源的な存在意義を承認されなければならない」からであるため、「自己の生命及び身体に対する重大かつ不可逆的な侵害を直接的にもたらす行為」は憲法上の権利として類型化されるべきではないとしている[97)]。

また、竹中勲は、憲法13条後段を「自己人生創造希求的利益」を保障する規定と解している。「自己人生創造希求的利益」とは、「かけがえのない自己存在自体の利益（自己存在利益）および、自己の人生のまとまりや個人の自律などを企図して懸命に生きようとして模索しつつその時々の自己存在を確認することに対する利益（自己存在確認利益）をも含みうるような一定の包括性をもった利益」である。竹中は、憲法上の自己決定権について、「個人的事柄ないし私的事柄のうち、人間として存在し生きていく上において重要な事項について、公権力から干渉されることなく、自ら決定することができる権利」と定義するが、「人間として存在し生きていく上で重要な事項」とは、「自己存在利益および自己確認的利益を含む自己人生創造希求的利益を内実とするもの」である[98)]。

このような理解を前提として、竹中は、基本的人権の制約の正当化原理

96）中山茂樹「人体の一部を採取する要件としての本人の自己決定――憲法上の生命・身体に対する権利の視点から――」産大法学40巻３・４号（2007年）77-83頁。

97）土井真一「『生命に対する権利』と『自己決定』の観念」公法研究58号（1996年）97頁。他方、玉蟲由樹は、自殺援助の禁止を定めたドイツ刑法典217条を違憲とした連邦裁判所の判決を引きつつ、「自己加害防止の観点から、生命保護を目的に自律的な死の選択を一律に制約することは、国家の行為として正当化ができない」とする（玉蟲・前掲注92）61-62頁）。

98）竹中勲『憲法上の自己決定権』（成文堂、2010年）48頁。

として、自己加害阻止原理があるとする。これは、「自己の権利利益を侵害する国民の行動（作為・不作為）を阻止するために公権力が介入し、身体の自由・精神活動の自由・経済活動の自由を制約することは正当化されうるとの原理」と定義されるものである。この自己加害阻止原理は公共の福祉に含まれると解されるが、それは、公共の福祉の内容は、「前段の個人の尊重原理および後段の基幹的な自己人生創造希求権に適合的なものとして構成・理解される必要がある」ためである。

竹中によれば、自己加害阻止原理には、判断能力が十分でない個人について妥当する自己加害阻止原理（弱い自己加害阻止原理）と、判断能力が十分な個人について妥当する自己加害阻止原理（強い自己加害阻止原理）とがあり、「強い自己加害阻止原理が妥当する場合はきわめて限られると解せられるが、〈自己の人生を作り上げていく営みを終えてしまうこと自体を目的とする自己決定〉については、強い自己加害阻止原理に基づく制約が正当化される場合があると解せられる」。ここで竹中が例示しているのは「興奮状態においてではない、よくよく考えての自殺行為」である[99]。

このように、本人の人格的自律や客観的利益、自己加害阻止のために、自己決定権の制約がありうるということが示唆されている。

(2)　人間の尊厳

①　日本における議論状況

憲法学においては、人間の尊厳から自己決定権の制約の正当化を試みる議論もある。

中山茂樹は、「憲法13条の『個人の尊重』の理念には、個人の自律性の保障ばかりでなく、その人の存在そのものを保障する面も含まれている」としたうえで、「『個人の尊重』ないし『人間の尊厳』の保護を理由にした個人の自由の制限」について、次のように論じる。「個人の尊重」や「人間の尊厳」を理由として、本人が望むとしても、長時間労働や性売買、高

99）以上、竹中・前掲注98）92-96頁。

リスクの金融取引などは規制できると考えられている。自律能力のある本人の自己決定にかかわらず本人の利益のために個人の自由を制限することは、正当性が認められないのが原則であるが、「その自己決定が、本人の自律性を、長期的不可逆あるいは自由な人格であることと両立しない程度に損うものである場合」には、介入が許されると解されるのである[100)]。

また、青柳幸一は、「『人間の尊厳』は、自己決定権を基礎づけるとともに、自己決定権を制約する」と述べる。人間の尊厳観念には、権利基底的アプローチと義務基底的アプローチとがあり、権利基底的人間の尊厳論では、人間の尊厳は自由な自己決定に見出されるが、義務基底的人間の尊厳論では、人間の尊厳が人権制約原理として機能する。そして、フランス憲法院判決やドイツ基本法１条１項の「人間の尊厳」条項には、この義務基底的人間の尊厳論の考え方が表れており、「両国における人間の尊厳論の特色は、その絶対的保障にある」とされる。つまり、「人間の尊厳に抵触する行為は、絶対的に禁止される」のである[101)]。

そこで、人間の尊厳に基づく自己決定権の制約についてさらに検討するために、次項では、フランスにおける人間の尊厳とそれを傷つけるような自己決定について、憲法院及びコンセイユ・デタの判決を参照する。

②　フランスの公法判例

フランス公法において、人間の尊厳（dignité de la personne humaine）は、1994年７月27日の憲法院判決以前には、実効性を持つ法規範として位置づ

100）中山茂樹「生命・自由・自己決定権」大石眞・石川健治編『憲法の争点』（有斐閣、2008年）96-97頁。

101）青柳幸一『憲法における人間の尊厳』（尚学社、2009年）170、178頁。ただし、ドイツ基本法の「人間の尊厳」条項については、「現代においては、人間の尊厳の人的・事項的保護領域は次第に制定時に予定されていた範囲よりも拡大され、そしてそれにともなって保障の強度についても、人間の尊厳を比較衡量の妥当しない絶対的なものと見るのではなく、さまざまな憲法利益との比較衡量に対して開かれた相対的なもの、あるいは人間の発達段階によって保障強度が異なるものと見る理論傾向が出現してきている」との指摘もある（玉蟲由樹『人間の尊厳保障の法理――人間の尊厳条項の規範的意義と動態』（尚学社、2013年）51頁）。

けられていなかったが、当該判決によって法原理として確立され、これと両立しがたい個人の自由を制限することが可能となった[102]。

この憲法院判決は、2つの生命倫理に関する法律について合憲性審査を行ったものである。憲法院は、「人間（personne humaine）を隷従させ堕落させることを企図した体制に自由な人民がかちえた勝利の直後に、あらためて、すべての人（être humain）が、人種、宗教、信条による差別なく、譲り渡すことのできない神聖な権利を持つことを宣言する」という1946年憲法前文を引用し、「あらゆる形態の隷属及び堕落に対する人間の尊厳の擁護（sauvegarde de dignité de la personne humaine）は、憲法的価値を有する原理である」と判示した[103]。小林真紀によれば、この判決は、用いられた表現が極めて一般的であることから、人間の尊厳の「原理の適用範囲が今回のような生命倫理法の分野に限られず、『人間の尊厳』に関するあらゆる事項に及ぶことを示している」[104]。

そして、人間の尊厳の原理がフランス行政法上初めて認められたのが、1995年10月27日のコンセイユ・デタの小人投げ事件判決である。小人投げとは、「オーストラリアで始まり、アメリカ経由でヨーロッパ大陸に入った後、フランスでは1990年頃から流行し始めた見世物の一種で、ヘルメットをかぶり保護服を着た小人症の男子を、見物人がマットの上で投げ、その飛行距離を競うというゲーム」である[105]。

この事件は、1991～1992年に、モルサンシュルオルジュとエクサンプロヴァンスの市長が、それぞれの市内における小人投げ興行を禁止し、小人投げ興行を行う会社及び同会社と雇用契約を結んだ小人症患者が、当該禁止命令の無効確認、執行停止、損害賠償を求めて提訴したものである。べ

102）小林真紀「フランス公法における「人間の尊厳」の原理(1)」上智法学論集42巻3・4号（1999年）168-169頁。

103）CC, Décision n°94-343/344 DC du 27 juillet 1994. 判決の訳については、小林真紀「1994年生命倫理法判決」フランス憲法判例研究会編（辻村みよ子編集代表）『フランスの憲法判例Ⅱ』（信山社、2013年）97-100頁によった。

104）小林・前掲注102）177頁。

105）小林・前掲注102）179頁。

ルサイユ行政裁判所は、小人投げは違法な活動に当たらずその禁止は個人の自由及び労働権の侵害になるとして、マルセイユ行政裁判所は、小人投げは人間の尊厳を害しうる行為ではないとして、それぞれ禁止命令を違法と判断した。

これに対し、コンセイユ・デタは、公序への侵害を予防するためのあらゆる措置を講ずることは、市町村の行政警察の権限であり、人間の尊厳の尊重は、公序の構成要素であるため、市町村の行政警察は、特別な地域的事情がなくても、人間の尊厳の尊重を侵害する興行を禁止することができると述べたうえで、小人投げ興行について次のように判示した。

小人投げは、見物人に小人症患者を投げさせるものであり、身体障害者を砲弾のように扱うことになる。そのような興行は、その目的自体によって、人間の尊厳を侵害する。人の安全を確保するための防護策が取られ、人が報酬と引き換えにこの見世物に自由に参加していたとしても、市町村の行政警察当局は特別な地域的事情なしにそれを禁止できる。労働の自由の原則及び営業の自由の原則の尊重は、そのような措置が公序の攪乱を防ぎ又は止めるものにすぎないのであれば、法が許容する活動であろうと、それを市町村の行政警察当局が禁止することへの障害にならない[106]。

この事件では、自分自身の人間の尊厳を侵害する行為の制約可能性が問題となっており、いくつかの評釈がこの点に言及している。

Les grands arrêts の評釈は、小人投げが、「他者の手中で人をまさに道具にする」興行である点を強調したうえで、次のように述べる。投擲の対象となる小人症患者は、「完全に同意していて、この活動から重要な報酬を得ている」。しかし、それは、「そのような行為が、人間の尊厳を侵害しないということを立証するには不十分である。人間の尊厳は、権力によって尊重されるべきというだけのものではない。個人同士の関係の中では個々が、自分自身のためにはその本人が、人間の尊厳を尊重しなければならない。人は、自分自身の品位を傷つけることを承諾することはできな

106）CE, Ass., 27 octobre 1995, n° 136727 ; n° 143578.

い」[107]。

Marie-Christine Rouault も、小人症患者が「自分の身体を処分する自由を引き合いに出していた」にもかかわらずコンセイユ・デタが「人間の尊厳は譲歩の対象にはなりえない」としたことから、人間の尊厳の尊重は「その人自身にも課される」ものであるとしている[108]。また、Francis Hamon も、「個人の同意は、人間の尊厳にもたらされる侵害を必ずしも取り消すものではない」とする[109]。

Paul Cassia も、小人投げ事件判決を、人間の尊厳が本人によっても侵害されえないものであることを示したものと捉え、次のように述べている。「コンセイユ・デタは、1995年10月27日の小人投げについての判決において、人間の尊厳の原理の観点から、その起源となった商売のやり方の違法性を明らかにした後で、ただ一つの取りうる結論を引き出した。すなわち、この活動の絶対的で決定的な禁止は、この点で取りうるというのみならず取らなければならない、唯一の適当な行政措置である。いかなる政治的又は司法的な正当化も、いかなる地域的又は国家的利益も、人間の尊厳へのあらゆる侵害の絶対的禁止の回避を可能なものにすることにはならない。人間の尊厳の抵触不可能な性質（caractère indérogeable）から、自分自身の品位を傷つけることへの同意については、それを正当化することも許可することもできないということになる。公権力――行政、場合によっては裁判官――は、例えば経済的利益又は精神的利益のような利益がそこにあるとしても、自分の尊厳を傷つけるような状況に身を置かないことを個人に課すことができる。……（中略）……小人投げ事件を通じて、この不可侵の性質が明白になっている。当事者が、……（中略）……禁止された活動を是が非でも望んでいたにもかかわらず、コンセイユ・デタは、人間の

107）Marceau Long, Prosper Weil, Guy Braibant, Pierre Delvolvé, Bruno Genevois, *Les grands arrêts de la jurisprudence administrative*, 15e éd., Éditions Dalloz, 2005, p. 740.

108）Marie-Christine Rouault, « L'interdiction par un maire de l'attraction dite de « lancer de nain » », *Les Petites Affiches*, n° 11, 1996, p. 32.

109）Francis Hamon, *La Semaine Juridique*, Ⅱ. Jurisprudence, n° 17-18, 1996, p. 191.

尊厳への侵害は主観的理由によって正当化されえないと考えた。人間の尊厳の侵害という事実は、問題となった活動の中止を必然的に課すのである」[110]。

コンセイユ・デタの調査官による判例時評においても、「行われた行為が人間の尊厳への侵害をもたらす性質のものであると認められる場合には、そこから引き出される結論は、その体系的な禁止でなければならない」とされており、ここでも、人間の尊厳が絶対的なものであり、本人の同意によってもその侵害は正当化されないことが示されている[111]。

この判決の報告担当官であるPatrick Frydmanは次のように述べる。欧州人権委員会の1973年12月14日の報告書でも、本人の同意は決定的要素にはならないとされており、「継続的な屈従、本人の目と同様に他者の目から見てもその対象となる屈従の状況又は評判を生じさせるときに」、当該取扱いは品位を傷つけるものとみなされる。「人間の尊厳の尊重は絶対的概念であり、各人がその人についてなしうる主観的評価に応じた何らかの譲歩を受け入れない。そのうえ、例えば、暴力行為の被害者の熟慮に基づく従属は、判例によれば、暴力行為から非難すべき性質を取り除くことには全くならない。したがって、小人症患者が受ける品位を傷つける取扱いへの本人の同意は、法的には重要でないと考えられる。……（中略）……告発された見世物への当事者の参加が給与の支払いを引き起こすという状況は、この結論の方向を変えるようには全く見えない。その性質自体によって、人間の尊厳は、商品として扱ってはならないのであり、品位を傷つける性質の興行に参加することを受け入れる人が商業的搾取の枠組みの中で有償の給付としてそれをなすという事実においては、そこに情状酌量よりもむしろ加重情状を明確に見出すことができると私たちは考える」[112]。

110）Paul Cassia, *Dignité(s) : Une notion juridique insaisissable ?*, Éditions Dalloz, 2016, pp. 96–97.

111）Jacques-Henri Stahl et Didier Chauvaux, *L'actualité juridique-Droit administratif*, n° 12, 51e année, 1995, p. 881.

また、「当事者は、自分が以前は孤独に暮らしており仕事もなかったが、当該契約によって、見世物の一座に入ることができ、2万フランの月収が保証され、本当に切望していた自分の私生活及び職業生活を初めて維持することができるようになったにもかかわらず、見世物の禁止措置のまさに増幅する効果によって、夢が砕け彼の最初の状態に戻ってしまったということを強調している」という[113]。すなわち原告は、生きていくためにはその仕事が必要だと主張しているのであるが、このような主張は、前章で述べた自己決定の環境が整っていないということを逆説的に示している。そして、人間の尊厳を傷つけるような自己決定の背後には、本人を当該自己決定に追い込む何らかの要因が潜んでいる可能性があるということが示唆されている。

以上のように、コンセイユ・デタは、小人投げが人を道具のように使うものであるということで人間の尊厳を害するものと判断し、小人症患者の同意があっても、そのような興行の禁止を正当化している。換言すれば、判例の立場は、自己決定権が人間の尊厳の原理によって制約されることを認めているのであり、自分自身の人間の尊厳を傷つけるような自己決定は自己決定権の行使として正当化されないということになる。

③　フランスにおける議論状況

フランスでは、人間の尊厳の原理が憲法的価値を有するものであるということが憲法院で認定された。また、本人であっても自分の人間の尊厳を侵害することはできないとされ、コンセイユ・デタが人間の尊厳を絶対的なものと捉えているということが小人投げ事件判決により明らかになった。この人間の尊厳の絶対性について、Cassia は、「いかなるものもそれが侵害されることを正当化できないという意味で、人間の尊厳は非妥協的なも

112） Patrick Frydman, « Atteinte à la dignité de la personne humaine et les pouvoirs de police municipal : À propos des « lancers de nains » », *RFDA*, n° 6, 11e année, 1995, pp. 1206, 1209.

113） Frydman, *supra* note 112）, p. 1209.

のである」とする。「基本的権利から人間の尊厳を決定的に区別すること、……（中略）……多くの国際法文書における前者と後者を区別する表現を正当化し説明すること。それはすなわち、基本的権利は、他の基本的権利の行使の障害となったり、一般利益を理由として制約を受けたりしうるが、人間の尊厳の侵害は断固として違法だということである」[114]。

この他にも、様々な論考において、人間の尊厳を理由とした自由の制約の可能性についての言及がある。例えば、Francis Kernaleguenによれば、「尊厳の原理によって、意思とは絶対的無処罰の保障を与えるものではないということを、思い起こすことになる。個人的自由は、それに究極の限界を与える尊厳の尊重、すなわち、あらゆる人間の人間性の擁護と妥協しなければならない」[115]。

また、Véronique Gimeno-Cabreraは、本人の意思に基づく自分自身の人間の尊厳の侵害について、次のように指摘する。「意思自律の原則（autonomie de la volonté）[116]は、身を売ることの禁止という限界において絶対的限界を見出す。……（中略）……人には、自分を売り、又は非人間的若しくは品位を傷つける取扱いを受ける権限が与えられていない。憲法裁判官は、個人をその本人から守るために立法者が採用した措置を有効であると認めるときには、パターナリスティックな態度を採用する。少なくとも、それを有効だと認めることで立法者のパターナリズムに加担する。この場合、裁判官の立ち位置は、人間の尊厳の原理に基づいている」[117]。「意思自律の原則」を自己決定権と言い換えれば[118]、自己決定権は人間の

114）Cassia, *supra* note 110), pp. 95-96.

115）Francis Kernaleguen, « Réalité(s) du principe de dignité humaine dans la jurisprudence française : principe dominant ou dominateur ? », Sous la direction de Brigitte Feuillet-Liger et Kristina Orfali, *La dignité de la personne : quelles réalités ? Panorama international*, Éditons Bruylant, 2016, p. 108.

116）人の意思は自らの行動を規律する法（規範）の源をなすものであるとして、社会生活の基本原理を契約思想に求め、契約原理を終局的には個人の意思に依存させる意思原理（山口俊夫編『フランス法辞典』（東京大学出版会、2002年）47頁）。ここでは、「意思自治」と訳されている。

尊厳の原理によって制約されるということになる。

このように、フランスでは、人間の尊厳は絶対的に保障されるため、それが他の権利と衝突する場合には、当該権利は制約されると解されている。そしてそれは、権利行使により当人の人間の尊厳が侵害される場合でも同様であるため、自分自身の人間の尊厳を侵害するような自己決定権は保障されないということになる。

第2節　女性兵士になるという自己決定

本節では、自己加害行為や自らの尊厳への侵害になるような行為は、自己決定権の行使として正当化されえないということを踏まえて、女性の自己決定権との関係で問題となりうる性売買に関する議論を参照しつつ、女性兵士になるという自己決定について検討する。この検討に際しては、軍隊という組織の性質や、その構成員、とりわけ女性兵士の置かれた状況がいかなるものであるかということが重要となる。したがって、(1)女性兵士になるという自己決定の性質を軍人の権利義務規定から分析し、(2)自己決定権行使としての容認が、①被害の正当化を招くこと、②自己責任論につながること、を軍隊と女性兵士の実態から明らかにする。

(1)　自己決定の性質——軍人の権利義務規定からの分析

辻村みよ子が、その著書において、女性兵士問題と並んでセックスワーク論を取り上げた[119]のは、その二つの問題の論点が類似しているためで

---

117) Véronique Gimeno-Cabrera, *Le Traitement Jurisprudentiel du Principe de Dignité de la Personne Humaine : dans la Jurisprudence du Conseil Constitutionnel Français et du Tribunal Constitutionnel Espagnol*, L.G.D.J., 2004, p. 175.

118) Scarlett-May Ferrié は、「自律的意思の表明から生じる選択権（choix issu d'une manifestation de volonté autonome）」として自己決定権（droit à l'autodétermination）を提示している（Scarlett-May Ferrié, *Le droit à l'autodétermination de la personne humaine : Essai en faveur du renouvellement des pouvoirs de la personne sur son corps*, IRJS Éditions, 2018, p. 27）。

ある。そこで、女性兵士問題の検討に先立って、セックスワーク論とそれに対抗する議論を瞥見する。

セックスワーク論とは、性を商品化することを女性の自己決定権の行使として主張するもので、1970年代以降、性産業が国際的に急成長し、それに従事する女性が急増して社会問題化する中で勃興してきた議論である[120)]。このセックスワーク論に対し、若尾典子は次のように主張する。売春労働は、「売春者に、性行為における自己決定、どの人といかなる性行為を取り結ぶのかについて、雇用者の指揮・命令に従うことを要請するものとなる。それは、労働者である売春者の性的自己決定権を、あらかじめ雇用者である性業者にたいし、放棄することを意味する」。他方、「性的自己決定権は、いかなる契約によっても、奪い得ない女性の基本的な権利、すなわち人権である」。したがって、「労働契約として性的自己決定権を放棄することは、自らの出発点を否定することになる」[121)]。

このように、若尾は、雇用労働として性売買を行うという自己決定は、自己決定権の保障とは相いれないと考えている。軍隊に入るという自己決定についてはどうであろうか。

水島朝穂は、「軍人の自由」と題した論稿において、「古くから兵営は、個々の人間の行動を『規律と訓練』によって操縦し、規格化をはかる究極の人間管理装置として存在してきた」「『一望監視装置』の典型的形態」であるとして、軍人の「『自由』を論ずること自体、一つのアポリア（難問）であろう」と述べる。「『軍人の自由』の問題は、個々の軍人もまた市民であるとの前提に立って、その市民的自由の保障の問題として論じられることが多い。その際、市民社会と軍隊社会の構造的相違が重要である。市民社会では平等、民主主義、自由、参加の原理が支配的だが、軍隊社会では、不平等、命令・服従、不自由が支配的である。もし、軍隊社会に自由、平

119）辻村・前掲注４）123頁以下。
120）辻村・前掲注４）123頁。
121）若尾典子「性の自己決定権と性業者・買春者」浅倉むつ子・戒能民江・若尾典子『フェミニズム法学――生活と法の新しい関係』（明石書店、2004年）359-360頁。

等、参加といった原理が導入されたら、精強な軍隊は不可能になるといった反論が直ちに予想される。『軍事的合理性』の観点からすれば、軍隊において、自由、平等、参加といった価値はマイナスの評価を受けるだろう」[122)]。

このような理解を裏づけるために、以下、フランスを例にとり、軍人の権利義務を具体的に見ていくこととする。問題となる条項は次のとおりである。

国防法典

L. 4111-1条

共和国軍は国家に奉仕する。その任務は、武力によって祖国及び国家の崇高な利益の擁護を準備し及び確保することである。

軍職は、あらゆる状況において、最高度の犠牲にまで及びうる犠牲の精神、紀律、即応性、忠誠心及び中立性を必要とする。それに伴う義務及びそれが意味する服従は、市民の尊敬及び国家の敬意に値する。

（第3項以下略）

L. 4121-1条

軍人は、市民に認められたあらゆる権利及び自由を享受する。ただし、その中のいくつかの行使は、本編に定められた条件において禁止又は制約される。

L. 4121-2条

意見又は信条は自由である。とりわけ、哲学的、宗教的又は政治的なそれは、自由である。

ただし、それは、勤務外において、かつ、軍職により要求される慎重

122）水島朝穂「軍人の自由」ジュリ978号（1991年）125-126頁。「一望監視装置（Panoptique）」とは、ベンサムが考案した一望監視施設（Panopticon）からフーコーが導いた概念である（Michel Foucault, *Surveiller et Punir : Naissance de la prison,* Éditions Gallimard, 1975, pp. 201-206（ミシェル・フーコー（田村俶訳）『監獄の誕生――監視と処罰』（新潮社、1977年）202-206頁））。

さによってのみ表現されることができる。この制約は、あらゆる表現手段に適用される。それは、軍隊内及び軍艦上における自由な信仰実践を制約するものではない。

国防の秘密と職業上の秘密の侵害に関する刑法典の規定とは別に、軍人は、職務行使中に又は職務行使に際して知るあらゆる事実、情報又は文書の秘密を保持しなければならない。法律で明示的に規定されている場合を除いて、軍人は、その者が所属する機関の明示的な決定によってのみ、この義務から解放されうる。

通信手段及び情報手段の使用は、それがいかなるものであるかを問わず、作戦中の軍人の保護、任務の遂行又は軍事活動の安全を確保するために制限又は禁止されうる。

L. 4121-3条

現役軍人が政治的性質の団体に加入することは禁止される。

（第2項以下略）

L. 4121-4条

ストライキ権の行使は、軍人の地位と両立しない。

労働組合の性質を有する軍人の職業団体の存在、及び第3項に規定される条件の場合を除く職業団体への現役軍人の加入は、軍紀の諸規定と両立しない。

軍人は、本編第6章[123]による規制を受けた軍人の全国的な職業団体の結成、そこへの加入及びそこでの責任の行使を自由になしうる。

（第4項略）

L. 4121-5条

軍人は、あらゆる時及び場所において任務にあたるよう求められうる。

任務が滞りなく行われる限りにおいて、配置転換は、とりわけ、次に掲げる者と職業上の理由で別居している場合に、軍人の家庭状況を考慮してなされる。

123）第6章とは、L. 4126-1条～L. 4126-10条を指す。

1°配偶者。

2°一般税法典で規定された共通納税義務を遵守していることを証明する場合には、PACS（民事連帯契約）によって結びつけられたパートナー。

軍人の居住の自由は、任務の利益のために制限される場合がある。

状況に応じて、軍人の移動の自由が制限される場合がある。

L. 4122-1条

軍人は上官の命令に服従しなければならず、与えられた任務の遂行に責任を負う。

ただし、法律、戦争の慣習法及び国際協定に違反する行為は、軍人に対して命ぜられることができず、軍人はこれらの行為を行うことはできない。

部下の固有の責任は、上官にいかなる責任をも免除するものではない。

L. 4126-6条

軍人の全国的な職業団体の規約又は活動は、共和国の価値、L. 4111-1条の冒頭2項に記載されている軍職の基本原理、又はL. 4121-1条からL. 4121-5条及びL. 4122-1条に定められた義務を侵害するものであってはならない。その活動は、軍隊及び付属部隊の任務遂行に適合する条件下で実施されなければならず、作戦の準備及び実施を妨げてはならない。

団体は、とりわけその指揮について、政党、宗教団体、従業員の労働組合組織、使用者の職業組織、企業及び国家からの厳格な独立義務に服する。団体は、その団体の間でのみ組合又は連合を形成することができる。

L. 4126-7条

軍人の全国的な職業団体の規約が法律に違反しているとき、又は軍人の全国的な職業団体が従うべき義務を遵守することを拒否したとき、所轄行政機関は、是正命令に従わない場合に、裁判機関に解散措置又は前記1901年7月1日の法律の第7条に規定されたその他の措置の宣告を求めることができる。

D. 4121-１条

すべて軍人は、軍人の一般的地位の諸規定に従って、自由に自己表現する権利を有する。

軍人は、上級機関、又は、必要があれば、任務の遂行条件又は共同体での生活を改善することを目指す申し出及び個人的状況に関する問題のために作られた機関に個人的に提訴することができる。

集団的な示威行動、請願行動又は要求行動は禁止される。

D. 4121-４条

軍務の外で、かつ、任務の遂行又は部隊の即応性に関連する義務に服さない場合、軍人は次に掲げる範囲で自由に移動できる。

１°本邦、欧州連合加盟国及び国防大臣が作成したリストに記載されている国を合わせた全領域。

２°第１号で言及された国以外の外国に配置されている場合、配置されている領域。

必要な場合には、国防大臣は、移動の自由の行使を制限することができる。

D. 4121-５条

任務遂行のために、大臣又は司令部は、彼の権限下にある軍人に、決定された地理的境界内又は軍事領域内に居住するよう要求することができる。

D. 4122-２条

上官として権限を行使するとき、軍人は、

（第１号・第２号略）

３°部下に服従を要求する権利及び義務を有する。ただし、法律、武力紛争に適用される国際法の規則及び現行の国際協定に反する行為の実行を命じることはできない。

（第４号以下略）

D. 4122-３条

部下として軍人は、

１°受けた命令を忠実に執行する。その執行について責任を負う。

あらゆる場合において、熟考したうえで主体性を発揮するように努め、命令の字義のみならず精神に浸らなければならない。

（第2号略）

3°明らかに違法な行為又は武力紛争に適用される国際法の規則及び現行の国際協定に反する行為の遂行を要求する命令を実行してはならない。

D. 4122-4条

戦闘において有効性を発揮するためには、各軍人が、受けた任務の達成まで、自分の命を危険に晒すことも含め、活力と自制心をもって敵に対する行動に参加することを必要とする。

すべての戦闘員は捕虜となっても軍人のままであり、その義務は、囚われの身から逃れること、圧力に抵抗すること及び戦闘を再開しようと努めることである。

D. 4122-6条

軍人は、単独で又は部隊若しくは乗組員集団の構成員として、

（第1号～第3号略）

4°いかなる状況においても次のことを行ってはならない。

（a）・b）略）

c）すべての戦闘手段を使い果たす前に、敵に降伏すること。

（第2項略）

軍事裁判法典

L. 323-6条

命令に従うことを拒否し、又は不可抗力の場合を除き受けた命令を実行しなかった軍人又は乗組員は、二年の拘禁に処する。

前項の行為が、戦時において、戒厳令若しくは緊急事態を宣言された区域において、火災、衝突、座礁若しくは船舶の安全に影響を与える軍事演習の状況にある軍艦の上において又は軍用機の上において行われた場合、拘禁は五年に延長されることがある。

L. 323-7条

敵に立ち向かうこと又は敵若しくは武装集団の出現に際して指揮官が命じたその他すべての任務を行うことを命令されたときに、服従を拒否した軍人又は乗組員は、無期懲役に処する。

L. 323-19条

部下に対して暴力を行使した軍人は、五年の禁錮に処する。ただし、暴力が敵若しくは武装集団と対峙しているときに逃亡した兵を帰隊させる目的で行われた場合、又は略奪、破壊若しくは軍艦若しくは軍用機の安全を損ないうる深刻な騒乱を止める目的で行われた場合には、重罪にも軽罪にもならない。

暴力が行われた状況又はその結果によって、その暴力が刑法典においてより厳しく罰せられる罪を構成する場合、その暴力はこの法典において規定された刑によって罰せられる。

国防法典L. 4111-1条は、「軍人」と題された同法典第4部の最初の規定であるが、ここで、共和国軍の基本原理が定められ、犠牲の精神や忠誠心、服従の必要性が示されている。

L. 4121-1条では、軍人の市民的及び政治的権利の行使について、一般人とは異なる制約の可能性があると定められている。

精神的自由については、内心の自由は保障されるが、その表現については、「軍職により要求される慎重さ」をもってしてのみ表現できるとされている（L. 4121-2条2項）。この「慎重さ」、「慎重義務（obligation de réserve）」[124] について、上村貞美は、評価の基準がないことなどにより萎縮効果が生じるため、表現の自由の妨げになると述べている。また、軍人の知る自由についても上村の次のような指摘がある。軍隊内の一般規律命令において、国防大臣が軍隊内への持ち込みが禁止される出版物のリストを定める旨が定められており、そのリストは公表されていない。軍人が読

124）慎重義務とは、公務員に課せられる身分規程上の義務で、「その職務の体面、公平及び静謐にそぐわない、個人的な意思・態度の表明を慎むことを内容とする」（山口・前掲注116）518頁）。

んではならない本のリストもあるが、そのリストも軍人には通知されておらず、リストに掲載されている本を所有していることが発覚すれば制裁を受ける可能性がある。こうしたことから上村は、「軍人の表現する自由も報道や情報を受け取る権利も著しく制限されている」としている[125)]。その他、表現の自由に関するものとしては、集会や結社の自由についても、集団的な諸行動の禁止（D. 4121-1条3項）や政治団体への加入の禁止（L. 4121-3条1項）といった制約がある。

人身の自由については、居住・移転の自由の制限（L. 4121-5条3項及び4項、D. 4121-4条、D. 4121-5条）が定められている。

労働基本権については、ストライキ権と団結権が否定され、それ以外の職業団体への加入の自由も制約されている（L.4121-4条1項及び2項）。認められている職業団体についても、その活動には限定が付されており（L. 4126-6条）、違反すれば解散措置を受けることもある（L. 4126-7条）[126)]。

このように、軍人は、集会・結社を含む表現の自由や居住・移転の自由、労働基本権など、重要な人権を大幅に制約されている。

また、軍人には、一般人とは異なる義務も課される。「共和国軍隊は本質的に服従的であり、武装集団は熟慮してはならない」という憲法原則

125）上村貞美「フランスにおける軍人の法的地位――現代フランスにおける国防と人権（その2）――」香川大学教育学部研究報告第1部57号（1983年）34-37頁。ただし、上村が参照している諸命令が現在でも効力を有しているかについては定かではない。

126）この第6章の条項の規定は、いずれも2015～2016年に創設されたものである。それ以前には、L. 4121-3条2項の例外規定及び同条3項が存在しなかったため、労働組合もその他の職業団体も例外なく禁止されていた。2014年、欧州人権裁判所が、労働組合の結成及び加入の自由を定めた欧州人権条約11条に違反していると判断した（CEDH, Affaire Matelly c. FRANCE, 2 octobre 2014, Requête n°10609/10 ; CEDH, Affaire ADEFDROMIL c. FRANCE, 2 octobre 2014, Requête n°32191/09）ことによって、職業団体については結成及び加入の自由が認められたのである（浦中千佳央「フランス軍内における職業的アソシエーション結成への道――2014年10月2日欧州人権裁判所判決（Matelly 事件、ADEDROMIL 事件）に関して――」産大法学49巻1・2号（2015年）172-178頁参照。ただし、一般的な表記は ADEFDROMIL である）。

（1791年憲法第4編12条）に基づいて、服従拒否を認めない服従義務を課すことがフランスの特徴であり[127]、それは、1966年に軍隊における一般的規律命令が全面改正されるまで続いた。1966年の一般規律命令でも、22条1項で、「服従は部下の第一の義務である」と定められており、職業上の秘密保持義務、無私の義務、忠誠義務、慎重義務、兼職の禁止といった様々な義務の中でも、服従義務が最も重要な義務であると考えられていた[128]。

現行法でも、国防法典の「義務と責任」と題された章の冒頭のL. 4122-1条で、上官の命令に対する服従義務が定められている。この服従義務について、D. 4122-3条1号では、部下が命令の精神にまで浸らなければならないとされている[129]。また、D. 4122-2条3号では、部下に服従を要求する権利及び義務が定められている。

このような命令服従義務は、命令が違法であったときには免除される（L. 4122-1条2項、D. 4122-2条3号ただし書、D. 4122-3条3号）が、違法でない命令については、拒否できないものと考えられる[130]。命令拒否に対しては、軍事裁判法典において刑罰が定められており、命令拒否が有事の際や敵前で行われた場合には刑が加重される（L. 323-6条、L. 323-7条）。

このように、命令服従は軍人の極めて重要な義務であり、原則として拒否できず、拒否した場合には重い刑罰が科せられる。また、こうした服従義務に加え、命を危険に晒して任務を達成する義務（国防法典D. 4122-4条1項）や、降伏禁止（同D. 4122-6条4号c）の規定もある。さらに、軍

127）藤田嗣雄『軍隊と自由　シビリアン・コントロールへの法制史』（書肆心水、2019年）177頁；笹川紀勝「軍隊と隊員の内心の自由」法セミ増刊『思想・信仰と現代』（1977年）133-134頁。

128）上村・前掲注125）46-48頁。

129）これについて上村は、部下は、「上官の命令を機械的、受動的に実行する」のではなく、「解釈し判断し協働しイニシャチブをとらなければならない」のだとしている（上村・前掲注125）49頁）。

130）ドイツには良心的命令拒否の制度がある（水島朝穂「戦争の違法性と軍人の良心の自由」ジュリ1422号（2011年）37-40頁参照）が、そのような制度は軍事的合理性に反するため、一般化することはないように思われる。

事裁判法典では、敵前逃亡者を帰隊させる目的、略奪や破壊、騒乱を止める目的の場合には部下に対して暴力をふるっても罪にならないと規定されている（L. 323-19条1項）。このような規定は、軍隊では自由な行動が著しく制約されており、軍隊が構成員を力で屈服させることをもいとわない組織であることを如実に物語っている。

以上のように、軍隊では、表現の自由、人身の自由、労働基本権といった重要な人権が大幅に制約されており、厳しい命令服従義務が課されている。したがって、このような組織への加入の自己決定は、自己決定権を放棄する自己決定であるといえよう。このように理解すれば、軍隊への入隊を女性の自己決定権によって肯定する考え方は、若尾が性売買について主張したように、自らの出発点を否定することになる。

(2)　自己決定権として位置づけた場合の効果
――女性兵士の置かれた状況からの考察

①　女性に対する被害の正当化

次に、自己決定権を放棄するような行為を自己決定権の行使として認めることについて、それがどのような結果を招くかという側面から検討する。

ここでも、まず、性売買についての議論を参照する。中里見博は、自営業としての性売買を自己決定権の行使として承認することを、次のように批判する。第1に、そのような議論は、「現実に売買春の現場で生じている被害の深刻さに対応できない」。「今日の性差別社会において、性差別社会の構成要素として存在する売買春では、買春男性が購入する女性の身体の性的使用権は、実態としては性的濫用＝虐待権と区別がつかない。……（中略）……たとえ『合意』に基づいてそうした性行為に参加したとしても、そこで被る深刻な身体的・精神的被害が軽減するわけでもない」。第2の問題は、「性的自己決定権の行使が、『性的自由を放棄する自己決定』をしたと評価される」ことである。判決の中には、「自らの意思により」性売買を行う女性の場合には、その性的自由の侵害の程度が「相当に減殺」していると判示した[131]ものがあった。中里見はこの判決を踏まえて、「性的自己決定権の行使として売春契約を結べば、……（中略）……『性的自由の放棄を自己決定した』と捉えられ」るため、「売買春を自己決定権行使として正当化する議論は、現場で生じる女性の性的侵害を正当化する理論となってしまう」と述べている[132]。

軍隊でもこのような事態が生じることが考えられるため、軍隊自体の性質と、女性兵士が実際に置かれることになる状況から、女性兵士問題における自己決定権を考察する。

軍隊は「男性性」を基軸として構築された組織であり、女性は二次的存在にすぎないということは、しばしば指摘されている。例えば、社会学者であるEmmanuelle Prévotは、フランス陸軍を研究対象として、軍隊と「男性性（virilité）」との関係を分析する。Prévotは、「軍人は皆、強い男性でいることを教え込まれており、強い男性としての価値を常にどこかで示さなければならない」との下士官の言葉を引用し、「男性性」が軍人の表象の中心にあると主張する[133]。したがって、例えば、男性の性欲とその充足は「当然のもの」として理解され、「真の男性」である証として正当化されるため、男性軍人が女性の同僚に欲情するのは当然のことであり、それを阻止するのは女性の責任とみなされる。そして、男性的特徴の表明だけが、人を真の軍人足らしめる唯一の要素と考えられているため、「女性であること（être une femme）」と「軍人であること（être un militaire）」とは互いに排他的であり、「女性軍人であること（être une militaire）」という選択肢はない[134]。

軍隊がこのような組織であるからこそ、そこにあえて参入する女性は、

131）東京高判1988年6月9日（判時1283号（1988年）54-58頁）。この事件は、買春客にナイフで切りつけられて負傷し、虐待的・屈辱的性行為を強要された女性が、買春男性を刺殺して逃げたことにより殺人罪に問われたものである。裁判所は、「被告人の性的自由及び身体の自由に対する侵害の程度については、これを一般の婦女子に対する場合と同列に論ずることはできず、相当に減殺して考慮せざるをえない」とした（57頁）。

132）中里見博「ポスト・ジェンダー期の女性の性売買――性に関する人権の再定義――」社会科学研究58巻2号（2007年）61-64頁。

133）Emmanuelle Prévot, « Féminisation de l'armée de terre et virilité du métier des armes », *Cahiers du genre*, n° 48, 2010, p. 92.

差別や抑圧を受けるのが当然とされる。したがって、女性兵士になることを自己決定権の行使とすることは、そのような待遇を受けることを自己決定したとみなされ、被害の正当化に結び付く。

次に、自己決定権論がそのような機能を果たしてしまうことを、軍隊で女性が実際に受ける不利益とそれに対する反応から明らかにする。軍隊では、女性が様々な困難を抱えていることが明らかになってきている。

例えばフランスでは、軍隊における性暴力やセクハラの被害が深刻であったために、国防省内に専門の対策室まで創設された[135]のであるが、被害女性が非難され、加害男性が免責されるという問題が指摘されている。例えば、上官に強姦された女性志願兵が淫売呼ばわりされることになったり[136]、服を引き裂かれたという被害を訴えた女性軍人が「男の気を引く女」扱いをされたりといった事案がある[137]が、このような例は枚挙にいとまがない。さらに、上官が配置転換や解雇を仄めかして告発を妨げるという例も多数報告されている[138]。他方、２人の女性に対する性的攻撃罪で起訴された軍人が同情や励ましを受けていたり[139]、何人もの部下に対するハラスメントで有罪判決を受けた士官が昇進を遂げたり[140]、強姦及

134）Prévot, *supra* note 133), pp. 87-89. 上野千鶴子も、「軍隊生活はレイプを促すような態度を養う」というアメリカの元国防政策担当秘書官の発言や、「兵士はある程度ケダモノになる必要がある。なぜなら戦闘は非人間的なものだから」という元海軍参謀の発言、「軍隊を脱男性化 demasculinize したまえ。そうすればもちろんレイプはなくなるさ。だが、これが俺たちの求めているものかい？軍隊というものはレイプに結びつくような攻撃性を前提としている。それを取り除いてみろ。そうすればもう軍隊なんてなくなるさ」という軍事専門家の発言を引き、「軍隊文化は過剰な男性性と結びついており、軍隊がセクハラ体質を持っていることは自明視されてきた」とする（上野・前掲注13）69-70頁）。

135）2014年、セクハラ・性暴力・性差別の対策室として、「対策室テミス（Cellule Thémis）」が国防省内に設置された。これについては本書第Ⅱ部第３章第３節(1)①参照。また、女性の被害状況の詳細については第Ⅱ部第２章第１節参照。

136）Leila Minano et Julia Pascual, *La guerre invisible : révélations sur les violences sexuelles dans l'armée française*, Éditions des Arènes, 2014, p. 197.

137）Minano et Pascual, *supra* note 136), p. 268.

138）Minano et Pascual, *supra* note 136), pp. 137, 148-149, 177, etc.

139）Minano et Pascual, *supra* note 136), pp. 169-170.

び性的攻撃で有罪判決を受けた将軍が軍隊内では何の制裁も受けなかったり[141]と、軍隊は加害男性に対して極めて寛容である。このような状況について、パリ大審裁判所の軍事事件担当の副検事であったSandrine Guillonは、そこが軍隊であり、女性が自らそこに入ったということでセクハラが看過され、加害者は擁護されるのだと述べていた[142]。

このように、軍隊にいることで女性が被る不利益は、女性が自ら軍隊に入った以上仕方がないという評価を受ける。そして、軍隊が男社会であるがゆえに生じるこのような事態を、女性自身も受け入れ、そうした価値観に染まっていく。

まず、軍隊内で女性が受ける差別や暴力の女性への帰責それ自体が、女性に声を上げにくくしている。佐藤文香によれば、自衛隊では、女性自身がセクハラを矮小化する傾向が顕著である。その原因は、セクハラの常態化による感覚の麻痺や戦略的無視もあるが、それだけでなく、自衛隊員であること自体が、被害の表明をためらわせる。「守るはずの軍隊にいる女性が被害にあうことで、軍隊に存在することの正当性を剥奪されてしまう」からである[143]。

また、2022年に問題化した自衛隊における性暴力事件に関しても、セクハラが常態化し、被害女性の告発が困難であったということが指摘されている。告発した女性は、入隊時から日常的にセクハラを受けていたが、それが問題にされることはなく、彼女自身も問題にしたことはなかった。決定的な性暴力被害を受けてから告発を決意し、警務隊に被害届を出したものの不起訴とされ、退職後に実名で告発したことによって、事件が明らかになったのである[144]。

女性軍人はこうした状況に置かれているため、組織を変えるのではなく

140）Minano et Pascual, *supra* note 136), pp. 157-158.

141）Minano et Pascual, *supra* note 136), p. 161.

142）Minano et Pascual, *supra* note 136), p. 163.

143）佐藤・前掲注17）260-265頁。アメリカでも、軍隊内で起こった集団的な性暴力事件の被害女性に対し、自分の身も守れない女性が戦場に行けるのかという非難があったという（Feinman, *supra* note 84), p. 166）。

組織に自分を合わせようとしてしまう。例えばフランス海軍士官候補生の女性は、性的な冗談について、「ショックを受けてはならず、それを受け入れることができるのだと示さなければならない。そうすることが統合に有利に作用するのである。……（中略）……彼らを変えようとしてはならない」と述べている[145]。

以上のような実例と分析から、次のことがいえよう。まず、軍隊は、「男性性」と不可分の組織であるため、女性が異端視され様々な被害を受けやすい。しかし、その被害は、女性がそのような組織にいたからこそ生じたものとみなされるため、女性に帰責されたり、問題視されなかったりする。そして、女性自身も、被害を受けるのは女性の責任であるという認識を持つようになり、軍隊に入った以上、性差別やセクハラに耐えることになっても仕方がないと考える。性差別や性暴力の被害を訴えるようなことは、組織への不適応を示すことであり、それは本人の軍人不適性の露呈と評価されるため、結局はその組織を選んでしまった本人の問題ということになるのである。このように、軍隊に入るという女性の自己決定は、男女差別や男社会に女性がいることの不利益を甘受することも含まれるとみなされてしまうことから、女性が軍隊に入ることを自己決定権の行使であるとするのであれば、受けた被害もその自己決定の結果ということになり、その救済からは一層遠ざかる。

以上のように、女性兵士問題における自己決定権論は、性売買について中里見が指摘したことと同様の問題を引き起こす。先に引用した表現を借

144）佐藤博文「五ノ井さんの性暴力事件から自衛隊の実態と「兵士の人権」を考える」法と民主主義574号（2022年）32-33頁。ここで佐藤は、「軍隊では『精強さ』が求められ、それが『男性性』と結びつき、『軍事文化』を形成している」ことを指摘している。この事件については、2022年９月に検察審査会が不起訴不当と議決しており、2023年３月に加害自衛官３名が強制わいせつ罪で在宅起訴され（『朝日新聞』2023年３月18日付朝刊）、同年12月、３名を懲役２年執行猶予４年とする判決が確定した（『朝日新聞』2023年12月28日付朝刊）。

145）Katia Sorin, *Femmes en armes, une place introuvable ? : Le cas de la féminisation des armées françaises*, Éditions L'Harmattan, 2003, p. 172.

りて述べるに、第１に、それは、現実に軍隊の現場で生じている被害の深刻さに対応できない。「男性性」によって価値づけられた軍隊に女性が入れば、性差別や性暴力などの様々な被害から逃れることは極めて困難であり、たとえ「合意」に基づいて入隊したとしても、そのことに変わりはない。第２に、自己決定権の行使として入隊すれば、そのような被害を受けることも含めた自己決定と捉えられるため、女性が兵士になることを自己決定権行使として正当化する議論は、現場で生じる女性の被害を正当化する理論となってしまう。

②　自己責任論の誘発

次に、女性が軍隊に入ることを自己決定権の行使とすることが自己責任論を生ぜしめる可能性について、「危険な行為」をめぐる平岡章夫の議論を再度参照したうえで確認する。

平岡は、「危険な行為」の自己決定権についての考察の中で、「自己決定・自己責任」論の問題について次のように指摘する。「個人が『危険な行為』に従事することが称揚されるのは、その行為が国家・社会によって『必要とされている』場合である。『自己決定・自己責任』論は、そうした行為に『自発的に』従事するという個人の決断に『自己決定』として高い価値付けを与える一方、その結果として本人に現実の被害が生じた場合には、『自己責任』というキーワードによって救済の必要性を低く見積もろうとする機能を果たしてきた」。したがって、「『危険な行為』への従事を個人の『自己決定権』行使として承認しようとする議論」とは、「国家・社会が必要とする『危険な行為』への従事者を、その結果の負担を本人に押し付けつつ確保しようとする要請に応えるもの」なのである[146]。

このような問題は、女性兵士問題において、一層顕著なものとなる。軍隊は国家にとって必要とされている組織であり、徴兵制を廃止した国においては特に、兵員の維持が課題となっている。また、男女平等の要請が強まり、軍隊においても男女平等の外観が必要となっている。例えばフランス大統領の Emmanuel Macron は、男女平等を「国家的な大目標（la grande cause nationale）」であると考えており[147]、国防省は、「軍隊は国の顔であり職業上の男女平等計画の模範となる義務がある」としている[148]。このように、国家は、単なる兵員数としてのみならず、男女平等や女性活躍の象徴としても、女性を必要としている[149]。

他方、これまで述べてきたように、軍隊は、任務遂行のために命を落とすことまでも要求する危険で不自由な組織である。そのような組織においては、構成員の人権保障など十分にできるはずもないため、性差別や性暴力といった不利益を女性が受けても、軍隊に入ることを自己決定した女性自身の問題とされやすいということは先に述べたとおりである。

このように、女性兵士になるという自己決定が、男女平等、女性活躍、女性の愛国心の象徴として称賛される（その実、軍隊が男女平等で平和的な組織であるというイメージ形成のために利用されているにすぎない）一方、女性兵士が被った不利益は本人に帰責され、その救済の必要性は低く見積もられるようになっている。平岡の「自己決定・自己責任」論は、危険な行為一般についての議論であったが、軍隊の組織的性質と女性軍人の置かれた実情に鑑みれば、女性兵士問題においても、この「自己決定・自己責

146）平岡・前掲注77）134-135頁。平岡は次のような例を挙げる。2004年のイラクにおける日本人人質事件の際には、反戦的なジャーナリズムやボランティア活動に従事していて人質となった人々に対して自己責任論が起こった。この場面では、人質の行っていた行為が政府にとって望ましくないものであったため、危険な行為への従事を称揚する機能を持つ自己決定という言葉は使用されず、救済の必要性を否定するために自己責任という言葉が前面に押し出された。他方、2011年の福島第一原子力発電所の事故の際には、大量被曝する危険を伴う現場に自発的に残った原発作業員らに対して社会的な称賛が起こった。国家・社会によって必要とされる危険な行為であったため、称賛すべき自己決定とみなされたのである。

147）2017年11月25日の発言。女男平等及び差別対策担当大臣部局 WEB サイト、https://www.egalite-femmes-hommes.gouv.fr/legalite-entre-les-femmes-et-les-hommes-declaree-grande-cause-nationale-par-le-president-de-la-republique（Consulté le 3 mai 2024）.

148）Ministère des armées, « Égalité femmes/hommes », https://www.rencontres-occitanie.fr/wp-content/uploads/2019/12/egalite-femmes-hommes-ministere-des-armees2018.pdf（Consulté le 3 mai 2024）.

149）加えて、軍隊は、女性兵士の存在によって攻撃性をカモフラージュしてきており、そのような面でも女性を必要としている（佐藤・前掲注3）116頁）。

任」論は有効であるといえよう。

第３節　小括

本章では、日本の憲法学における自己決定権論と、フランスにおける人間の尊厳と本人の意思をめぐる判例・議論を踏まえたうえで、女性兵士になることを自己決定権の行使として正当化しうるかについて検討した。これまで、自己決定権によって女性兵士を肯定する議論の中では自己決定権が無制約のものと捉えられており、それを否定する主張においても他者加害原理以外の制約は想定されていなかったが、先行研究やフランスの判例に鑑みれば、そのような自己決定権理解は受け入れられない。

まず、憲法学において、自己決定権には自己加害阻止のための制約がありうると解されている。その理由は論者によって様々であるが、自己決定権行使の前提である人格としての自己存在の保護がその中核であるように思われる。また、人間の尊厳の擁護を目的とした自己決定権の制約を認める議論もある。そして、このような議論は、日本に限定されたものではない。フランスでは、判例によって、人間の尊厳の擁護が憲法的価値を有する原理であるとされ、人間の尊厳の原理を理由とした自由の制約が認められている。このように、日本でもフランスでも、自己決定権行使には、本人の人格的自律や人間の尊厳の擁護を理由とした制約があるとの理解が有力に存在する。

以上を踏まえて、女性兵士になるという自己決定について検討した。まず、軍隊では軍事的合理性の確保が最重要課題であるため、軍隊は、命令服従を旨とする組織としてしか存在しえない。したがって、軍隊に入ることは、本人の自律的な生が損なわれる状況に身を置くことと同義であり、その自己決定は、自己決定権を放棄する自己決定となる。また、それにもかかわらず、軍隊に入ることを自己決定権の行使として位置づけることは、さらなる問題を生ぜしめる。軍隊は「男性性」によって価値づけられた組織であるため、女性は軍隊内で様々な差別や不利益を受けることになるが、自己決定権論は、そのような被害を女性に帰責する機能を果たし、自己責任論につながってしまうのである。このように捉えれば、女性兵士になることは、自己決定権の行使として正当化できる行為ではない。

また、本章では、女性が軍隊に入るという自己決定を自己決定権の行使として位置づけることの不可能性を示すにあたり、自らの性を商品化する自己決定権についての議論を援用したが、前者の自己決定は、後者の自己決定以上に、自己決定権として正当化することが困難である。女性の性の商品化の自己決定は、公的な制度に依拠することなく主張されうるが、軍隊に入るという自己決定は、軍隊がなければ行うことができず、軍隊の存在を前提としている。ここには、そのような公的制度への参入を基本的人権として観念できるかという問題が潜んでいる。基本的人権であるならば、それは、前国家的なものと位置づけられることになるため、軍隊に入ることを自己決定権という基本的人権として観念しうるのであれば、女性の軍隊参入は、軍隊という制度存在とは無関係に主張できるはずである。したがって、軍隊の存在を所与としたそのような自己決定を自己決定権によって正当化することは、人権の前国家的性質と矛盾するように思われる[150)]。

150）なお、自己決定権は、「私生活上の自由」（芦部信喜（高橋和之補訂）『憲法〔第八版〕』（岩波書店、2023年）133頁）や「個人的事柄」（佐藤・前掲注72）212頁）について決定する権利であり、軍隊への参入は、そもそもその保障範囲に入らないのではないかとの疑いもある。

終章

女性兵士になることを自己決定権の行使として説明する主張は、自己決定権＝自分のことは何でも自分で決められるという程度の認識の下になされている。また、それに異を唱える加納実紀代は、軍隊とは自己決定不可能な命令服従のシステムであり、自己決定権の概念と馴染まない組織であると看破したにもかかわらず、自己決定権の喪失を自己決定する権利を安易に認めたことで隘路に陥っていた。

そこで、本稿では、女性兵士になることが自己決定権行使として正当化されるのかについて、自己決定権の権利内容や射程を踏まえて検討し直してきた。まず、憲法学においては、自己決定は環境や誘導の影響を受けるため、そうした事情を度外視して、そのような自己決定を直ちに憲法が保障する自己決定権の行使と見るべきではないとの理解がある。女性の地位が低いことや軍隊が女性の取り込みを図っていることに照らせば、女性兵士になるという自己決定を単純に自己決定権の行使として評価することはできない。

さらに、より本質的な問題がある。憲法学において、自己決定権には自己加害阻止や本人の人間の尊厳の擁護のための制約がありうるとされており、自己決定権を放棄する自己決定もそれに含まれるという議論もある。この考え方に立てば、軍隊に入るという自己決定は、自己決定権を放棄する自己決定であり当該制約にかかるため、自己決定権として正当化することはできないということになろう。そして仮にそれを自己決定権の行使であるとするならば、軍隊において女性が受ける被害の正当化や自己責任論につながる。

したがって、女性兵士になることを自己決定権の行使として肯定する主張は、自己決定権の権利内容から考えて成り立たないのみならず、それが導く結果からしても無意味かつ有害である。加納は、女性兵士問題において自己決定権を「絶対的価値として最優先」すべきではないとしていたが、自己決定権を持ち出すこと自体にすでに問題があったのである。

さらに、女性の自己決定権に安易に飛びつく軍隊内男女平等推進フェミニストの問題について、一言付しておく。平岡章夫は、危険な行為への従事を自己決定権の行使として積極的に承認する議論は、国家・社会の利益を個人の利益よりも重視するイデオロギーと親和性が強いと述べている[151]が、女性兵士問題においても、この点は重要である。女性兵士を自己決定権で肯定する論者は、リベラリズム、個人主義の立場で当該主張をしていたはずであるが、それが実は国家の利益に取り込まれていたという可能性がある。そのような論者にとってそれは関心の対象外なのか、あるいは、兵士になりたい女性の利益も国家の利益も実現できて双方良しとでも考えるのであろうか。

佐藤文香は、軍事組織のジェンダー平等化の動向は、「軍事組織がジェンダー平等の価値観に『敗北』した結果と解釈するよりも、むしろ、軍事組織がそうした価値観すら戦略的に取り込むことで存続の『勝利』を勝ち取ってきたのだと見る方が、妥当」であるとする[152]。自己決定権の問題に関しても同じことが言えるのではないか。女性兵士になるという自己決定の尊重が、女性の権利に資するものであるかのように見えようと、それは国家に利用されただけであり、女性の解放につながるものではないのではないかという視点を忘れてはならない。

151）平岡・前掲注77）132頁。
152）佐藤・前掲注17）326頁。

第Ⅱ部

フランスにおける女性軍人の法的取扱いとその実態

序章

第Ⅱ部では、軍隊における女性を取り巻く状況を検討する。検討の対象は、フランス軍における男女不均衡（第1章）と女性の性的・性差別的被害（第2章）、男女平等政策（第3章）である。さらに、第1章〜第3章で明らかになったことを踏まえて、第4章で、軍隊における女性の立ち位置とはいかなるものかということについて、総括的に検討する。

筆者がフランス軍を対象としたのは、次のような理由によるものである。フランスでは、徴兵制廃止による兵員不足と、男女平等の政治の側の必要性から、当局によって10年以上前から積極的な軍隊内男女共同参画政策がとられてきた。このことにより、フランス軍は、世界で最も女性軍人比率の高い軍隊の1つとなった。現在のEmmanuel Macron政権の下でも、国防大臣には女性が任命され、男女平等政策が積極的に行われてきたことから、フランスは、国を挙げて軍隊内男女平等の実現に取り組んでいるといえる。また、フランスでは、日本と異なり軍隊の存在の正当性が自明視されているが、そのような国の軍隊における男女平等に向けたありようには軍事組織の論理がより一層色濃く出るものと考えられ、自衛隊を含む軍隊一般に敷衍できる示唆を得られるのではないかと期待する。

これまで行われてきた女性軍人に関する研究は、その多くがアメリカを素材としてきたが、必ずしもアメリカが典型とは限らないため、相対化して考えることも必要である。このことは、フェミニズム研究全般にいえることでもある。上野千鶴子も、日本のフェミニズムは「アメリカ文化の圧倒的な影響のもとにあって、それからごくわずかにフランス、イギリス、ドイツが紹介される」という花崎皋平の指摘に呼応して、「外国というとアメリカしかないような感じ」、「フェミニズム紹介、フェミニズム理解をアメリカ経由一辺倒でやってきた日本のフェミニストの怠慢」、「アメリカぼけ」を批判している[153)]。そこで、フランス軍を題材とすることで、ひたすら米軍をめぐってなされてきた従来の研究とは異なる視座で、この問題について検討できるようになるのではないかと考えられる。

153）花崎・前掲注43）219-220頁。そうして、「日本と外国を比較する場合でも、要するに日米比較になってしまう」日本のフェミニズムを問題視したうえで、上野は自らを「日本のフェミニストの中では私はアメリカン・フェミニズム批判をやった数少ない一人」と称している（221頁）が、上野のフェミニズムも、アメリカの議論に依拠するところが相当大きいように思われる。

第1章

フランス軍における男女不均衡

本章では、まず、フランス軍における女性の採用・職域配置についての法制度の変遷を概観したうえで（第1節）、実際に女性が置かれている状況について、女性軍人比率、職域配置における男女バランス、ガラスの天井の存在、軍人の意識的状況という観点から明らかにする（第2節）。

第1節　制度の変遷

(1)　第二次世界大戦まで

フランスでも、軍隊は長らく男の砦とされていた。軍人としての女性が現れたのは第二次世界大戦時のことであり、それ以前には、従軍商人、クリーニング屋、食堂の経営者、軍人の妻や寡婦などとして、軍隊に関わっていた。第一次世界大戦の際、女性の招集は、戦争が長引き、より多くの人手が必要となったときになされた。女性は、軍隊の衛生局で働く看護師として、あるいは軍隊の管理部門や通信隊の職員として、雇われていた。兵器工場に徴用された女性は、戦争の最後の年にはおよそ40万人で、招集された人員の4分の1に相当する。終戦時には、女性たちは大量に復員した。

第二次世界大戦時には、男女はそれぞれの性に付与された伝統的役割において動員されていた。戦争初期には、女性は、赤十字の救急車運転手、医療要員、社会医療要員、自動車衛生小隊要員として雇われていたが、ドイツが侵攻してきたときには、ヴィシー政府（対ナチス協力政権）は、彼女たちを解散させた。彼女たちの一部は、自由フランス（ロンドンにおける対独抵抗組織）の義勇団である女性集団の中に再び見出すことができる。この集団は、1940年11月に創設されたものであり、100人の女性士官と女性下士官が集まった。そして翌年には、この集団は女性の補助部隊となった。

以上の動きはロンドンのみならず北アフリカでも起こっており、これらの様々に組織化された女性をまとめるために、フランス国民解放委員会（Comité français de la libération nationale）は、補助的女性軍人部隊の創設に関する1944年１月11日デクレを定め、陸海空軍に補助的女性部隊を創設した。これにより、各軍が固有の部隊を創設する責任を負うこととなった。これらの女性部隊は、独自の階級システムと女性司令官を擁する組織であり、男女は明確に分けられていた。

陸軍では、「女性が担当できる職において男性軍人の代わりをすること」を目的として、陸軍女性補助員集団（Corps des Auxiliaires Féminines de l'armée de terre）が創設された。女性たちは、戦争中のみの支援の役割を担い、看護師、救急車運転手、事務機械操作者、秘書、救護班員、パラシュート職人として働いていた。彼女たちは、軍人の規則に服していたものの、身分は文民であった。約１万人の女性が働いており、約50人が勤務中に死去し、終戦後、ほとんどの女性が市民生活に戻った。

海軍では、海軍女性セクション（Sections Féminines de la Flotte）が創設された。女性たちは、主に地上での事務職に就いており、明示された任務に加えて、看護師として働くこともあった。1944年の時点で、海軍には、約1100人の女性がいたが、その多くが1945年の末には家庭に送り返され、２年後には125人になっていた。

空軍では、空軍女性部隊（Formations Féminines de l'Air）と、女性軍人パイロットの部隊が創設された。女性たちは、パイロットや看護師として働いており、1945年の初めには、3500人の女性が勤務していたが、数か月後にはほとんどが復員し、同年末には500人になっていた。

このように、三軍のいずれにおいても、女性は女性部隊に属しており、男性とは異なる仕事が割り当てられていた。

さらに、組織内では、女性の貞節と品位が問題とされており、女性の行動、とりわけ男性との関係は厳しく監視された。軍の指導者は、女性たちに、妻であり母であること、女性らしさを示すことを求め、それによって彼女たちを軍隊文化に統合しようとした。彼女たちは、慎み深く気品に満ち、微笑を浮かべていることを要求されていた[154)]。

国防省内で文民として勤務する女性も、男性とは異なる取扱いを受けており、第二次世界大戦前から訴訟が提起されていた。その主要な最初のものであるBobard事件では、国防省の女性職員が、1934年８月15日デクレの無効を申し立てた。国防省の中央行政組織について定めたこのデクレが、女性職員の採用と昇進を阻む根拠とされていたためである。しかし、1936年７月３日、コンセイユ・デタは、この申立てを退けた。行政機関の命令によって、その行政機関の職員の採用及び昇進に関する規程を定めること、その場合に省における女性職員の受入制限及び昇進制限が役務上の理由により必要かどうかを決定することは、法律に基づき政府に与えられた権限であるため、国防省における役務の特別な要求を満たすために、当該職を男性職員に留保することは合法であると判示したのである[155)]。このように、軍隊のみならず国防省の文民職においても、女性の就労は制限されていた。そして、この判例の立場により、これ以降も女性の公職就任権が制限されることとなった[156)]。

以上のように、軍隊への女性の参入は、二度の世界大戦の際に活発化し、戦争が終わると、多くの女性軍人が軍隊を去っている。また、女性の参加が始まったのは、看護という女性のステレオタイプなイメージに沿った部門からであり、その後も女性たちは秘書や医療要員として働き、「女性らしさ」を示すことが求められていた。このことから、女性は、非常時に人手が足りなくなった場合の一時的な要員であったことに加え、その活動は、女性的でなければならなかったということがわかる。Cynthia Enloeは、女性軍人の数と役割を増大させる理由として、男性の埋め合わせや、男性が「本当の」軍事任務を果たせるように、軍隊に必要な秘書、医療、通信

154）以上、Sorin, *supra* note 145), pp. 35-39.

155）CE, Ass., 3 juillet 1936.

156）Arnaud Haquet, « L'accès des femmes aux corps de l'armée », *RFDA*, n°2, 16e année, 2000, p. 348.

業務から男性を解放することなどを挙げている[157]が、フランスにおける女性の軍隊参加にも、こうした理由があったのではないかと推察される。

(2)　第二次世界大戦後から1972年７月13日法律まで

1958年憲法前文では、「フランス人民は、1946年憲法前文で確認され補充された1789年宣言が定める人権及び国民主権の原理……（中略）……に対する愛着を、厳粛に宣言する」と定められていることから、1946年憲法前文も憲法規範の一つになっている。そして、1946年憲法前文第３段落では、「法律は、女性に対して、すべての領域において男性のそれと平等な諸権利を保障する」と定められている。すなわち、男女平等は、憲法上の要請であるといえる。しかし、軍隊への女性のアクセスは大幅に制限されていた。

女性軍人の管理職の地位に関する1951年10月15日の51-1197号デクレにおいて、女性軍人のみに適用される規定が初めて創設された。同デクレ１条は、陸海空軍の女性軍人の管理職の存在を認めた。そして、女性軍人の管理職が軍人役務を行使すること（５条１項）、男性軍人と同じ条件での司法上の取扱いを受けること（５条３項）、男性軍人と同じ条件で年金を受ける権利を獲得すること（20条）などが定められた。しかし２条では、男性軍人とは異なる階級システムが女性軍人に用意され、労働条件（７条）や俸給（19条）などの点でも、男性とは異なる取扱いを受けることとなった。採用に関しても、女性には様々な条件が付いており、例えば、女性は、独身者、寡婦、離別者でなければならず、小さな子どもを監護していてはならない（８条）と定められていた。

そして、軍隊は、女性人員を養成する役割を負ったが、女性は、階級での実習、挨拶、軍隊組織の働きという極めて限定的な軍人教育にしかアク

157）Cynthia Enloe, *Maneuvers: the international politics of militarizing women's lives*, University of California Press, 2000, p. 280（シンシア・エンロー（上野千鶴子監訳・佐藤文香訳）『策略　女性を軍事化する国際政治』（岩波書店、2006年）199頁）.

セスできなかった。

陸軍では、1953年から、女性士官と女性下士官の実習生に陸軍女性人員学校（École du Personnel Féminin de l'Armée de Terre）が開かれ、彼女たちは、６か月間の教育を終えた後にそれぞれの階級に任命された。

海軍では、士官候補生と下士官候補生の女性は、海軍女性人員教育センター（Centre de Formation du personnel féminin de la marine）で６か月間の教育を受けていた。

空軍の女性については、士官は、行政手続についての５日間の教育を受けただけで、参謀本部に配属され、起草担当士官として雇用された。下士官は、軍人学校には行かず、それぞれの空軍軍管区に設立された教育センターで、毎週軍人教育を受けていた。

女性軍人は、いかなる階級（grade）の肩書も持たないと定められていた（上記51-1197号デクレ16条）。女性士官は、少尉から少佐までの階級に相当する４つの等級（classe）に、女性下士官は、伍長から主任曹長までの階級に相当する４つの等級（catégorie）に入ることができたが、階級を持たないことから、彼女たちは、軍人の名称ではなく、マダムあるいはマドモアゼルと呼ばれていた。また、彼女たちは、男性とは異なり、日常の勤務において軍服を着ることはなく、階級章も異なっていた。昇進は、あらかじめポストの数に限界が付されており、とりわけ士官の昇進は、男性に比べて遅く、限定的であった。

女性が到達できる領域は、管理、通信、医療、採用に限定されていた。陸軍の女性士官は、司令官にはなれず、主に起草担当者の任務を任され、語法や法律のスペシャリストとして中央管理部に配属された。海軍でも、女性たちは、乗船せずにもっぱら地上で働いており、雇用契約の上でしか船員ではなかった。空軍においても同様で、女性たちは、傷病兵輸送機の従軍看護師を除いては、航空業務から離れていた[158)]。

158）以上、Sorin, *supra* note 145), pp. 39-41.

(3)　1972年7月13日法律以後

1970年代の初めに、Michel Debré 国防大臣（当時）は、女性軍人の数を増やし、男女で同一の規定を確立することを目的として、女性軍人の条件を発展させる意向を示した。そして、軍人の一般的地位に関する1972年7月13日の72-662号法律によって、両性に適用される一般規定が定められた。この法律により、女性軍人は、法文上は完全な軍人として男性軍人と同等の扱いを受けることとなり、その数も急速に増えた。とはいえ、女性軍人は、陸軍では、陸軍女性士官団と陸軍女性下士官団に、海軍では、海軍女性士官団と海軍女性下士官団に、空軍では、空軍女性士官団と空軍機上勤務女性士官団（Sorin の注によれば、これは従軍看護師にのみ関係するものである）、空軍女性下士官団に所属しており、男女は区別されていた[159)]。

そもそもフランスでは、公務員一般の採用において、性別が「職務の実行の決定的条件を構成する」場合には、男女の別異取扱いが法律上認められており、1982年10月15日の82-886号デクレの付属文書のリストには、男女で異なる採用が予定されうる職団として、国家憲兵隊におけるいくつかの職など15の職が列挙されていた[160)]。このリストの作成は、公務員の一般的地位に関する1959年2月4日の59-244号オルドナンス18条の2[161)]によってコンセイユ・デタに授権されたものであり、同条では、「いずれかの性への所属が、その組織の構成員によって担当される職務の実行にとって決定的な条件を構成する場合には、男女別の採用が準備されうる」と規定されていた。その後、この条項は、国家公務員についての規定に関する1984年1月11日の84-16号法律21条に引き継がれた。

以下では、女性に対する職域配置制限と、採用における男女別異取扱いの手段として長らく行われてきたクオータシステムについて、制度の変遷

159）Sorin, *supra* note 145), pp. 42-43.

160）このリストは2007年8月に最終改正され、現在では、レジオンドヌール勲章青少年教育施設の担当者と、刑務所の看守の職のみになっている。

161）この条項は、公務員の一般的地位に関する1959年2月4日の59-244号オルドナンス7条を改正し公職への就職の平等原則に関する各種規定を定める1982年5月7日の82-380号法律2条によって追加された規定である。

を概観する。

①　職域配置制限

軍隊では、様々なデクレによって、女性に対する職域配置制限が定められていた。以下に挙げる1975年12月22日の８つのデクレは、それぞれ陸海空軍と憲兵隊の士官団と下士官団の地位について規定するものであるが、その中にも当該規定が存在している。陸軍戦闘部隊士官団の特別な地位に関する75-1206号デクレ２条と陸軍職業[162]下士官団の特別な地位に関する75-1211号デクレ３条によれば、戦闘部隊の活動及び出動の状況を理由として、陸軍戦闘部隊の士官及び職業下士官の職は、男性に対してのみ開かれる。海軍士官団及び海軍特別士官団の特別な地位に関する75-1207号デクレ２条と海軍職業下士官団の特別な地位に関する75-1212号デクレ３条によれば、職務の状況及び船上生活の拘束を理由として、海軍士官団及び海軍特別士官団の職、港湾海軍下士官団の艦隊乗組員の海軍下士官の職、並びに船上勤務部門又は戦闘部門の海軍下士官の職は、男性に対してのみ開かれる。空軍士官団、空軍整備士士官団及び空軍基地士官団の特別な地位に関する75-1208号デクレ２条と空軍職業下士官団の特別な地位に関する75-1213号デクレ３条によれば、戦闘部隊の活動及び出動の状況を理由として、空軍士官団の職、搭乗員の職業下士官団の職及び搭乗員の准尉の職は、男性に対してのみ開かれる。憲兵隊士官団の特別な地位に関する75-1209号デクレ３条と憲兵隊下士官団の特別な地位に関する75-1214号デクレ３条によれば、憲兵隊組織の活動及び出動の状況を理由として、憲兵隊士官及び下士官の職は、男性に対してのみ開かれる。

こうした制限により、女性士官や女性下士官は、直接的な戦闘を行うことはなく、通信隊員や事務機械操作者、秘書、従軍看護師などとして勤務していた[163]。

---

162)「職業（de carrière）」の意味については、本章第２節(2)①参照。
163) Sorin, *supra* note 145), pp. 44-47.

その後、女性に対する職域配置制限は、国防大臣アレテにおいて定められるようになったが、各軍及び憲兵隊において男性士官及び男性下士官によってのみ担当される職を定める1998年４月29日アレテ[164)]は、修正を重ねるたびにその職の数が限定的なものとなっていった。1999年11月10日アレテ[165)]によって修正された規定では、陸軍の敵軍との直接的で長い接触の可能性を含む職、海軍の潜水艦での職と海軍陸戦隊員と特別攻撃隊員の部隊における職、海上憲兵隊の船上勤務部隊の下士官の職、いくつかの例外を除く機動憲兵隊のすべての部隊の下士官の職が、男性によってのみ担当されると定められた。その後、2000年８月25日アレテ[166)]によって修正された規定では、陸軍における制限が撤廃され、海軍の潜水艦での職と、いくつかの例外を除く機動憲兵隊のすべての部隊の下士官の職が男性によってのみ担当されるとされた。この規定は、2002年12月12日アレテ[167)]によりさらに修正され、機動憲兵隊における制限が縮小された。2015年２月19日アレテ[168)]による修正後は、制限は潜水艦のみとなり、潜水艦も、実験的に女性に開放されることとなった。実際に、2017年７月４日には、４人の女性が、医師や原子炉担当主任、海中任務副主任などとして、潜水艦での任務に就いている[169)]。

軍隊における職域配置制限については、欧州司法裁判所のいくつかの判決がある。この種の事件は、職、職業訓練及び職業的昇進へのアクセス並

164）この1998年４月29日アレテについては、制定時のものは確認できなかった。したがって、1999年11月10日アレテによる修正前には、さらに多くの職域配置制限があったと推測されるが、その詳細についてはわからない。

165）*BOC*, p. 5275, https://www.bo.sga.defense.gouv.fr/texte/566/Sans%20nom.html（Consulté le 3 mai 2024).

166）*BOC*, 2000, p. 4185, https://www.bo.sga.defense.gouv.fr/texte/1464/Sans%20nom.html（Consulté le 3 mai 2024).

167）*BOC*, 2003, p. 472, https://www.bo.sga.defense.gouv.fr/texte/3249/Sans%20nom.html（Consulté le 3 mai 2024).

168）*BOC*, n°18 du 23 avril 2015, texte 2, https://www.bo.sga.defense.gouv.fr/texte/202441/Sans%20nom.html（Consulté le 3 mai 2024).

169）国防省WEBサイト、https://www.defense.gouv.fr/marine/actu-marine/premiere-patrouille-de-snle-avec-quatre-femmes-a-bord（Consulté le 21 nov. 2020).

びに労働条件に関する男女平等待遇原則の適用に関する1976年２月９日の欧州理事会指令76/207/CEEに照らして判断されている。同指令２条１項は、「待遇の平等原則は、直接的なものであろうと、とりわけ婚姻状況や家族状況に基づく間接的なものであろうと、性に基づくすべての差別の不存在を意味する」と定めており、２項で、「性が決定的な条件を構成する」職業活動については、「その性質又は実行状況を理由として」、適用除外されることができるとされている。

Sirdar事件では、ある女性がイギリス海兵隊コマンド部隊への採用を拒否されたことが問題となった。1999年10月26日、同裁判所は、上記指令２条２項に基づき、当該職務の性質及び実行状況を理由として、海兵隊コマンド部隊のような特殊な戦闘部隊における役務からの女性の排除は正当化されうると判示した[170)]。

一方、2000年１月11日のKreil事件判決では、正反対の判断がなされている。当時のドイツ連邦共和国基本法12a条４項２文には、「女性はいかなる場合にも、武器をもってする役務を担ってはならない」と規定されていた。また、ドイツの軍人法１条２項３文では、女性が軍隊内で就くことができる職種が、衛生勤務と軍楽隊勤務の２つに限定されていた。1996年、電気修理工の女性が、ドイツ連邦軍の電気修理部門への就職を希望して連邦軍に志願したが、こうした規定を理由として拒否されたため、上記指令違反を理由に、ハノーファー行政裁判所に提訴した。そして、行政裁判所による先決判決の求めに応じて、欧州司法裁判所は、女性を一般的に戦闘職種から除外して衛生勤務と軍楽隊勤務に限定したドイツ連邦共和国基本法と軍人法等の適用が同指令２条２項に違反すると判断した[171)]。

フランス国内裁判所でも、軍隊への採用における男女の別異取扱いについての判断がなされている。1993年12月29日のMartel事件では、ある女性が、75-1208号デクレを改正する1983年３月10日の83-184号デクレ２条

170）CJUE, 26 Octobre 1999（aff. n°273/97）*Sirdar, Rec. CJUE*, 1999, p. I-07403.

171）CJUE, 11 janvier 2000（aff. n°285/98）*Kreil, Rec. CJUE*, 2000, p. I-00069. 以上２つの判決につき、参考、水島・前掲注63）59-63頁。

及び5条を根拠として、空軍士官団への任官を拒絶されたため、その違法性が問題となった。当該条項は、戦闘部隊の活動及び出動の状況を理由として、空軍士官団への就職を男性に限定し、空軍軍人学校（École militaire de l'Air）[172] を卒業した女性にのみ例外的に就職を認めていた。そこで、コンセイユ・デタは、空軍学校（École de l'Air）[173] 出身の男女学生の間に区別が生じており、この区別は、職務の性質によってもその実行状況によっても正当化されない区別であると判示して、同条を違法・無効とした[174]。

②　クオータシステム

職域配置制限の撤廃が進むにつれて、一部の職団において、クオータシステムが導入されていった。クオータシステムとは、一般的には、ある性別や人種に属する人々が過少代表となっている場合に、採用優先枠を設けて一定の比率でマイノリティに人数を割り当てることで格差の是正を図るものであり、アファーマティブ・アクションの一種である。しかし、軍隊において行われてきたクオータシステムは、採用優先枠というよりは、採用上限枠を設けて、女性比率を制限するものとして機能していた。

空軍では、75-1208号デクレ2条が、特定された職務の状況を理由として、空軍士官団以外の職団への女性の就職を、年間採用の15%に制限していた。

1983年2月10日には、①で述べた1975年12月22日の8つのデクレのうち、陸軍と憲兵隊に関する4つのデクレが改正され、女性の採用が禁じられていた職域に、クオータシステムが導入された。陸軍では、75-1206号デクレを改正する83-93号デクレ2条と、75-1211号デクレを改正する83-95号

172）空軍整備士士官や空軍基地士官を中心とした士官養成学校。現在では、École de l'Air に統合されている。

173）戦闘任務を行う士官も養成する学校。

174）CE, 10/7 SSR, 29 décembre 1993. 問題となった75-1208号デクレは、段階的に修正され、最終的に、空軍士官団、空軍整備士士官団及び空軍基地士官団の特別な地位に関する2008年9月12日の2008-943号デクレ43条によって廃止されるに至った。

デクレ1条が、改正前のデクレでは禁止されていた職への女性の就任を許可するとともに、それらの年間採用上限を設定した。憲兵隊については、75-1209号デクレを改正する83-94号デクレ3条と、75-1214号デクレを改正する83-96号デクレ1条は、元のデクレで禁止していた憲兵隊士官団と下士官団への女性の就職を許可する一方で、その上限を年間採用の5％に制限した。

士官の採用は高等教育修了者と現役下士官の中から、下士官の採用は前期中等教育終了者の中から、行われていたが、教育機関においてもクオータシステムが取り入れられていた。もともと女性軍人に対する教育は、1973年から、女性軍人陸海空軍学校（École Interarmées du Personnel Militaire Féminin）で、士官には6か月、下士官には3か月の期間なされていた。その後、男性にのみ入学が認められていた教育機関が共学化されることとなり、その際に、クオータシステムが導入されたのである。例えば、1983年、サンシール陸軍士官学校（École spéciale militaire de Saint-Cyr）は、女性の受入れを開始したが、年間の上限を5％としていた。また、1993年には、海軍学校（École navale）が女性に開かれたが、女性の割合は年間最大10％に限定されていた[175)]。

このようなクオータシステムはフランス国内で広く行われていたが、欧州共同体裁判所は、前記指令に照らして、こうしたフランスの制度を弾劾する複数の判決を出している。ある判決では、フランスで行われている性別採用システムは、職務の性質によって正当化されない限り、同指令に違反していると判示されており[176)]、他の判決でも、過少代表となっている性を利する場合以外にクオータシステムを採用することは男女平等原則違反であるとされている[177)]。

175）Sorin, *supra* note 145）, pp. 43, 48, 50.

176）CJCE, 30 juin 1988（aff. n°318/86）, Commission c/France, *Rec. CJCE*, 1988, p. 3559.

177）CJCE, 17 octobre 1995（aff. n°450/93）*Kalanke, Rec. CJCE*, 1995, p. I-03051 ; CJCE, 11 novembre 1997（aff. n°409/95）*Marshall, Rec. CJCE*, 1997, p. I-06383など。

そして、フランス国内裁判所でも、1990年代以降、クオータシステムを無効とする判決が出るようになった。1996年のAldige事件では、ある女性が、兵站部隊の士官の選抜試験に合格し、推薦されるための必要条件をすべて満たしたにもかかわらず、女性に割り振られた定数はすべて埋まっているという理由で就任を拒まれたことが問題となった。陸軍後方支援職団（corps des commissaires de l'armée de terre）の特別な地位に関する1984年3月12日の84-173号デクレ2条が、特定された職務の状況を理由として、同職団への女性の年間採用を20％に制限していたためである。彼女は、この選抜方法が公職への男女平等アクセスの原則に違反しているとして、パリ行政裁判所に提訴した。1998年5月11日、コンセイユ・デタは、同デクレが1946年憲法前文第3段落の男女平等原則に違反していると判示した[178)]。

このように、欧州共同体裁判所もコンセイユ・デタも、職務の性質やその実行状況によって正当化されない限り、軍隊の女性の採用におけるクオータシステムは違法であると判断してきた。

以上のように、法令の規定は性中立的になり、女性に対する職域制限はほとんどすべて撤廃され、一時期導入されていたクオータシステムも廃止されている。現行の国防法典においても、妊産婦に関するいくつかの規定を除き、女性について特別の定めは存在しない。このほか、女性のみを対象とする現在も有効な法令として見つけることができたのは、軍隊の女性部隊の特例を定める1973年3月23日の73-339号デクレ[179)]と、軍隊の女性士官団に適用される特例を定める1977年2月18日の77-179号デクレ[180)]の

178）CE, 7/10 SSR, 11 mai 1998. もっとも、この判決の出る数か月前に、各軍、憲兵隊及び軍備統括代表部の士官団及び下士官団の特別な地位に関する各種デクレを改正する1998年2月16日の98-86号デクレ16条が、84-173号デクレの当該条項を廃止しており、陸軍後方支援職団の選抜試験における男女の区別はなくなっていた。

179）このデクレでは、一部の女性士官と女性下士官が、それぞれの軍の女性部隊に属することが定められているが、女性の就労についての特殊な規定を置くものではない。

みである。

すなわち、法令上は、男女で異なる取扱いは原則として存在していない。このことを踏まえて、次に、男女不均衡の実態について概観する。

第2節　実態

(1)　女性比率の低さと職域配置における不均衡

2018年のフランス国防省の報告書によれば、世界で最も女性軍人比率の高い軍隊を持つ国は、女性を徴兵の対象としているイスラエル（33%）である。ハンガリー（20%）、アメリカ（18%）がそれに続き、フランス（16%）は世界で4番目に女性比率が高い[181)]。

フランスについて詳しく見ると、前節で概観したような制度の変遷に伴い、1995年には7.5%だった女性軍人の比率は、1998年には7.8%、2002年には11.4%、2004年には13.0%、2006年には14.01%、2008年には14.62%、2010年には15.15%、2012年には15.07%と、着実に増加傾向を示している[182)]。とはいえ、各国の軍隊の女性軍人比率の低さから分かるように、軍隊は、世界的に、少なくとも数の上では男女平等が進んでいない組織である。

フランス軍内の女性の内訳を見ると、国防省の全職員265000人のうちの54200人、軍人206600人のうちの32000人が女性である[183)]。つまり、女性は文民の38%、軍人の16%を構成しているにすぎない。職域にも偏りが見

180）このデクレでは、陸海空軍と衛生部隊の女性士官団における募集をやめ、陸軍と空軍、衛生部隊の女性士官団を廃止する一方で、海軍についてはそれを維持し、階級や昇進について独自の規定を残している。

181）« Égalité femmes/hommes », *supra* note 148）.

182）Haut Comité d'évaluation de la condition militaire（HCECM）, 7ème rapport, « Les femmes dans les forces armées françaises, de l'égalité juridique à l'égalité professionnelle », 2013, p. 22, https://archives.defense.gouv.fr/content/download/215774/2400059/file/ 7 %C3%A8me%20rapport%20-%20Juin%202013.pdf（Consulté le 3 mai 2024）.

183）« Égalité femmes/hommes », *supra* note 148）.

られる。女性比率は、後方組織（衣類や食事の管理、訴訟書類の取扱い、掃除や洗濯、宿泊施設などの役務、俸給や諸経費の処理等を行う部署）では30％、後方組織内の衛生部では58％であるのに対し、陸軍では10％、海軍では14％、空軍では23％にとどまる。専門ごとにも不均衡があり、作戦部門で４％、管理部門で40％、看護師及び医療技術者部門で70％を女性が占めている[184]。

2013年に、軍人条件評価高等委員会（Haut Comité d'évaluation de la condition militaire）[185]は、「フランス軍における女性、法律上の平等から職務上の平等へ」と題するテーマ報告書（以下、HCECM報告書）を発表している。ここでは、職域配置の男女不均衡の問題への言及があり、男女それぞれが各部門にいかなる比率で配置されたかということから分析がなされている。それによれば、女性軍人については、戦闘部門10.5%、電子工学・情報科学部門14.8%、管理部門40.3%、衛生部門14.9%、兵站部門8.8%で、男性軍人については、それぞれ、38.7%、19.1%、7.9%、2.9%、15.5%である。このことから、管理や衛生に関わる領域に女性軍人が偏在していることが問題視されている[186]。

さらに、同一部隊内にも、仕事の分配における性別の偏りが見られる。Emmanuelle Prévotによれば、女性は、戦闘部隊に配置されても、主に、衛生の非戦闘員役務や秘書職、需品係などを割り当てられており[187]、国立人口研究所のMathias Thuraによれば、女性には男性を補助する仕事が割り振られる[188]（本節(3)で詳述）。

184）Ministère des armées, « Le Plan Mixité du Ministère des Armées : La mixité au service de la performance opérationnelle de la France », p. 6, https://archives.defense.gouv.fr/content/download/554204/9620804/20190306_NP_DP_MINARM%20Plan%20mixit%C3%A9.pdf（Consulté le 3 mai 2024).

185）国防法典によれば、その任務は、軍人状況の実情及びその進展について大統領及び議会に説明することである。この委員会は、特に、採用、定着、軍人及びその家族の生活状況、市民社会への復帰状況に有利又は不利な影響を及ぼしうる法的、経済的、社会的、文化的及び作戦上のあらゆる側面を考慮に入れる（D. 4111-１条）。

186）HCECM, 7ème rapport, *supra* note 182), p. 51.

187）Prévot, *supra* note 133), p. 85.

以上のように、世界的に見れば女性の比率の高いフランス軍においても、職域配置の不均衡は大きく、部隊内における仕事の分配も性別によって決定される傾向がある。

(2)　ガラスの天井

さらに、ガラスの天井の存在も指摘されている。ガラスの天井とは、女性の昇進を妨げる目に見えない壁のことである。

HCECM 報告書においても、ガラスの天井の問題が提示されており、昇進のための教育を受ける女性の比率から、その分析がなされている。同報告書によれば、軍人が昇進するための教育は、2つのレベルに分かれている。士官については、第一段階の教育が第一等級高等軍人教育（Enseignement militaire supérieur du 1er degré）、第二段階の教育が第二等級高等軍人教育（Enseignement militaire supérieur du 2e degré）である。下士官と兵卒については、それぞれ、初等資格（Qualification élémentaire）、高等資格（Qualification supérieure）となっている。

士官、下士官、兵卒を比較すると、上位の階級になればなるほど、第一段階の教育における女性比率に比して、第二段階の教育に到達する女性が少なくなるということがわかる。第一段階の教育における女性比率は、士官8.5%、下士官14.5%、兵卒12.8%であるのに対し、第二段階の教育では、それぞれ、5.2%、10.1%、13.5%となっている[189)]。

両段階の女性比率を職掌別に見ると、この傾向は一層はっきりする。士官の場合、第一段階の教育における女性比率と、第二段階の教育における女性比率は、それぞれ、陸軍で2.8%、0.9%、海軍で7.7%、2.0%、空軍

188）Mathias Thura, « La persistance d'une féminisation par les marge : le cas de l'Armée de terre française », *Les Cahiers de la Revue Défense Nationale : Femmes Militaires, et maintenant ?*, Institut de recherche stratégique de l'École militaire (IRSEM), 2017, p. 24, https://www.defnat.com/pdf/cahiers/Cahier_Actes%20du%20colloque_Femmes%20militaires,%20et%20maintenant.pdf（Consulté le 3 mai 2024）.

189）HCECM, 7ème rapport, *supra* note 182), p. 98.

で11.3%、5.2%、憲兵隊で6.7%、1.8%、衛生部で44.6%、33.3%である。下士官についての同比率は、それぞれ、陸軍で12.3%、12.0%、海軍で15.8%、9.3%、空軍で19.6%、28.3%、憲兵隊で15.2%、28.3%である。兵卒についてのそれは、陸軍で11%、13%、海軍で19%、14%、空軍で29%、26%である[190)]。すなわち、下士官と兵卒については、両段階の教育における女性比率にはそれほど差がなく、第二段階の教育の女性比率のほうが高い職掌さえ見られる。一方、士官については、衛生部を除くすべての職掌で、第二段階の教育における女性比率は、第一段階の教育における女性比率の2分の1から4分の1近くにまで減っている。

このことが、男女の能力の差によるものではないということは、第一段階の教育を終えるのにかかる平均時間が、男女で差はなく、それどころか得てして女性士官のほうが短いということからわかる[191)]。

こうしたことから、HCECM 報告書では、目に見えないフィルターがあり、優秀な女性が、重要な責任ある地位への就任から遠ざけられていると結論づけられている[192)]。

社会学者である Katia Sorin は、女性たちがより多くのより多様な仕事に打ち込んでも責任のある地位には到達できず、そのような上位の階級においては女性たちの状況は進歩していないのだとの女性士官の証言を紹介し、ガラスの天井の存在を示唆する次のような指摘を行っている。女性がいるのは下級の地位のみである。上級の女性士官は、最高位には到達できない。なぜなら、そこから排除される傾向があるからである[193)]。

このようなガラスの天井の存在を直接的に立証することは難しいが、女性の昇進のしづらさとその原因について、他の条件における男女格差から見えてくるものがあるのではないかと考えられる。そこで、以下では、フランス軍における男女の雇用形態における格差と、賃金格差について、そ

190）HCECM, 7ème rapport, *supra* note 182), pp. 33-34.

191）HCECM, 7ème rapport, *supra* note 182), p. 98.

192）HCECM, 7ème rapport, *supra* note 182), pp. 56-57.

193）Sorin, *supra* note 145), p. 143.

れぞれ検討する。

①　雇用形態における格差

軍人の雇用形態については、職業軍人（militaire de carrière）と契約軍人（militaire sous contrat）とがある。職業軍人とは、その継続的な地位を承認された士官と下士官であり、軍隊内で昇進する（国防法典L. 4132-2条）。一方、契約軍人とは、職業軍人以外の現役軍人、すなわち、契約士官・志願兵・委託軍人等を指す（L. 4132-5条）。

両者には雇用条件の違いがある。職業軍人については、階級のある地位への任命と昇進の規定と、失職原因を限定する規定があり（L. 4132-2条）、部隊と階級によって52～67歳の定年が定められている（L. 4139-16条）。一方、契約軍人の場合には、昇進等に関する規定はなく、定年の代わりに、立場に応じて5～27年の雇用期間が定められている（同条）。

また、休暇や年金についての適用規定も異なっている。乗組員として勤務している職業軍人には、例外的な航空役務の場合には最大3年、それ以外の場合でも、定められた年齢に達すると、士官では3年、下士官では1年の乗組員休暇が与えられる（L. 4139-7条）。さらに、15年以上役務を遂行し、そのうち少なくとも6年は士官として働くなどの条件を満たした士官には、帰休が認められる。帰休は、最大で5年間与えられ、1年目は俸給の50%、2年目は40%、3年目以降は30%を受け取ることができる。帰休の期間は、退職年金の算出のために計算され、期間の半分は、年功での昇進のために計算される（以上、L. 4139-9条）。また、退役する際には、年金と退役一時金を受給できる（L. 4139-8条）。一方、契約軍人については、軍務が17年に達し、そのうち10年は乗組員として勤務した場合に、乗組員休暇が与えられる（L. 4139-10条）。すなわち、契約軍人は、休暇を取得するための要件が職業軍人よりも厳しいのであり、さらに、退役一時金の規定はない。このように、契約軍人は、職業軍人に比べると、身分が不安定で、昇進も限定的であり、福利厚生の面でも待遇が悪いといえる。

こうした雇用形態にも男女で格差が存在している。全軍における士官のうち、職業軍人として就業している者の割合は、2014年には、女性62.79

%、男性78.96%[194]、2015年には、女性62.53%、男性78.42%[195]、2016年には、女性63.08%、男性77.67%[196]、2017年には、女性66.92%、男性76.57%[197]、2018年には、女性60.73%、男性76.41%[198]である。下士官におけるその割合は、2014年には、女性51.88%、男性54.39%、2015年には、女性52.45%、男性54.58%、2016年には、女性52.65%、男性53.56%、2017年には、女性50.27%、男性50.67%、2018年には、女性50.07%、男性49.52%である[199]。すなわち、下士官については、男女間の格差はそれほど大きくないが、士官については、女性は、男性に比べて、職業軍人として就業している人の割合が低い。そして、近年の数値を見る限りでは、この格差は縮小の方向に向かってはいない。

HCECM報告書でも、雇用形態における男女格差についての言及がなされており、女性の職業軍人の増加が契約軍人ほど進んでいないことも問題視されている[200]。

---

194) « Bilan social 2014 : Rapport de situation comparée relatif à l'égalité professionnelle entre les femmes et les hommes de la Défense », p. 8, https://archives.defense.gouv.fr/content/download/388852/5780263/RSC_C4_BasseDef.pdf (Consulté le 3 mai 2024).

195) « Bilan social 2015 : Rapport de situation comparée relatif à l'égalité professionnelle entre les femmes et les hommes de la Défense », p. 8, https://archives.defense.gouv.fr/content/download/480362/7695273/20160608_RSC_2015.pdf (Consulté le 3 mai 2024).

196) « Bilan social 2016 et rapport de situation comparée relatif à l'égalité professionnelle entre les femmes et les hommes de la Défense », p. 19, https://archives.defense.gouv.fr/content/download/509136/8601954/Mindef_SGA_DRHMD_BS%202016_BD.pdf (Consulté le 3 mai 2024).

197) « Bilan social 2017 et rapport de situation comparée relatif à l'égalité professionnelle entre les femmes et les hommes de la Défense », p. 75, https://archives.defense.gouv.fr/content/download/538412/9248251/Bilan_Social_2017c.pdf (Consulté le 3 mai 2024).

198) « Bilan social 2018 et rapport de situation comparée relatif à l'égalité professionnelle entre les femmes et les hommes de la Défense », p. 73, https://archives.defense.gouv.fr/content/download/561723/9707226/Bilan_Social_2018.pdf (Consulté le 3 mai 2024).

199) 数値は、各年の報告書（*supra* note 194）~*supra* note 198)）による。

この傾向は、どの職掌においても同様である。例として、女性軍人比率が最も低い陸軍と、同比率の最も高い衛生部を取り上げて見てみることとする。

陸軍において、2018年の全士官に占める職業士官の割合は、男性では77.82％であるのに対して、女性では47.77％である。すなわち、陸軍士官については、男性の大多数が職業士官として就業しているのに対し、女性は、契約によって就業している者のほうが多い。さらに、この状況を別の角度から見ると、次のようである。陸軍全体（士官、下士官、兵卒、志願兵）における女性の比率は10.24％であり、これを階級と雇用形態別に見ると、職業士官では6.00％、契約士官では19.68％、職業下士官では13.32％、契約下士官では11.57％である[201)]。すなわち、職業士官の女性比率は職業下士官の女性比率の半分以下であり、女性比率が比較的高いのは低い階級であるといえる。そして、階級が上がると、相対的に多くの女性が、契約士官という不安定な地位に置かれている。こうしたことから、陸軍の「士官集団における女性の増加は契約職員化を通じて行われている」[202)]と指摘する論者さえいる。

一方、衛生部全体（士官、下士官、兵卒、志願兵）の女性比率は59.47％であり、この組織は、国防省内の主要な領域において最も女性軍人比率が高い組織であるといえるが、ここでも状況は変わらない。2018年に衛生部において、職業軍人として働く士官の割合は、女性70.02％、男性78.88％、下士官のその割合は、女性58.82％、男性72.23％であり、女性の職業軍人率が低いということがわかる。そして、衛生部内の女性の比率を階級と雇用形態別に見ると、職業士官では41.88％、契約士官では53.54％、職業下士官では67.31％、契約下士官では78.94％となっており、階級と雇用形態には男女で偏りがある[203)]。衛生部においても、女性比率が高いのは、下

200）HCECM, 7ème rapport, *supra* note 182）, pp. 52, 96.
201）« Bilan social de la Défense 2018 », *supra* note 198）, p. 74.
202）Thura, *supra* note 188）, p. 22.
203）« Bilan social de la Défense 2018 », *supra* note 198）, p. 74.

士官や契約軍人なのである。

以上のように、女性軍人は、男性軍人に比して職業軍人として就業している割合が低く、その傾向は階級が高くなるほど顕著である。前述したように、雇用形態の違いは、昇進に影響を及ぼすものである。したがって、女性の昇進機会が限られているということが、雇用形態における男女格差から推察される。

②　賃金格差

フランスの公務員の給与については、デクレやアレテによって定められており、海軍女性士官団に所属する士官を除くすべての男女軍人に、同一の給与体系が適用される。その算出に当たっては、指数1当たりの給与額と指数がそれぞれ定められており、両者を掛け合わせることで給与額が決定される。この指数については、階級（grade）と、それぞれの階級内で定められている号俸（échelon）が上位であればあるほど高くなる。号俸の上昇は組織と階級によって異なっており、上位の号俸については昇進できる人員の割合の上限が定められていたり条件が付されていたりするものの、基本的にはデクレにおいて定められた期間勤続すると号俸が上がる。また、軍人の俸給は、総基本給、公務員共通手当、軍隊の専門性に結びつけられた手当、作戦手当、職業的経歴に伴う手当で構成されている[204)]。

2011年の軍人の平均手取り年収は、女性が25462ユーロ、男性が31107ユーロで、女性の年収は男性の年収の81.85％にとどまる。階級別に見ると、この格差は、士官では72.28％（女性40159ユーロ、男性55559ユーロ）、下士官では84.66％（女性25761ユーロ、男性30429ユーロ）、兵卒では89.32％（女性19053ユーロ、男性21332ユーロ）である[205)]。すなわち、階級が高くなればなるほど、格差が大きくなっている。2011年のフランス社会全体の賃金格差は90.0％[206)]であるから、軍隊は一般社会と比べて男女間の賃金格差

204）« Bilan social de la Défense 2018 », *supra* note 198), p. 151.

205）HCECM, 7ème rapport, *supra* note 182), pp. 100-101.

206）『データブック国際労働比較2013』（労働政策研究・研修機構、2013年）175頁。

が大きいということが分かる。

高い階級ほど格差が大きいという傾向は、その後も継続している。2015年の平均手取り月収における同割合は、士官では84.81%、下士官では97.37%、兵卒では101.80%[207]、2017年の平均手取り月収におけるそれは、士官では85.21%、下士官では96.93%、兵卒では102.59%[208]であった。一方、フランス社会全体の賃金格差は、2015年は84.2%[209]、2017年は84.6%[210]であるから、軍隊の士官と一般社会との差はなくなっている。しかし、これは、一般社会の賃金格差が2011年よりも拡大していることにも起因している。

また、下士官では一般社会よりも格差が小さく、兵卒に至っては女性の平均手取り月収が男性のそれを上回っているが、このことは、軍隊が一般社会よりも男女平等であるということを必ずしも意味するものではない。先述したように、女性は、契約軍人として就業している割合が相対的に高く、昇進が困難である。したがって、女性が下士官や兵卒の階級にとどまり、その中で勤続年数が長くなることで号俸が上がっているため、そうした低い階級においては賃金格差が消失し、あるいは女性の平均賃金が男性のそれよりも高くなっているということが考えられる。ガラスの天井との関係では、下士官や兵卒の賃金格差の小ささよりも、階級が上がるにつれて格差が広がっているということに着目すべきである。

HCECM 報告書でも、男女の賃金格差の問題について言及がなされている。そこでは、賃金格差の原因として、女性は男性より平均勤続年数が短いこと、男性に比して多くの女性が、作戦の特別手当が乏しい仕事に従事していることが挙げられている[211]。

国防省の総合評価書においても、この格差について以下のように分析が

207）« Bilan social de la Défense 2015 », *supra* note 195), p. 72.

208）« Bilan social de la Défense 2017 », *supra* note 197), p. 153.

209）『データブック国際労働比較2018』（労働政策研究・研修機構、2018年）183頁。

210）『データブック国際労働比較2019』（労働政策研究・研修機構、2019年）219頁。

211）HCECM, 7ème rapport, *supra* note 182), p. 52.

なされている。まず、軍人、とりわけ士官の報酬の差は、女性がより低い階級において過多代表であるのに対して、最も高い階級において男性が過多代表であることと結び付いている。また、ボーナスの総額についての男女差は、作戦の専門領域における女性の過少代表によって説明される[212]。

このように、同一の給与体系が適用されるにもかかわらず賃金格差が生じるということは、女性の昇進が進んでいないということを示している。また、職域配置における男女不均衡が、賃金格差にも影響を与えているということがわかる。

以上のように、雇用形態と賃金については、制度上は、男女は同一の取扱いを受けることになっているが、実際には両性間に格差が見られる。そして、このことによって、女性の昇進を阻害するガラスの天井の存在が裏付けられている。

(3)　背景としての意識的状況――性別役割分担論

以上のように、制度的な男女差別はほとんど完全に解消されたにもかかわらず、実際には、職域配置に男女で不均衡があり、昇進をめぐっても男女差がある。このような現状の背景には、強固な性別役割分担意識があると考えられる。

フランス軍における性差別や性暴力の実態を調査したLeila MinanoとJulia Pascualという 2人の女性ジャーナリストの取材によれば、山岳砲兵隊のある女性隊員は、前線で働くことを希望したところ、男性同僚から女性の仕事として料理や給仕を強要され、「秘書職の女性の入隊には同意するが、戦闘員としての女性の居場所はない」と言われた[213]。共和国衛兵隊の兵舎で働いていたある女性軍人は、職場の食堂の支配人から、よりセクシーな服を着なければ厄介なことになると脅されていた。裁判で、こ

212） « Bilan social de la Défense 2018 », *supra* note 198), p. 142.

213） Minano et Pascual, *supra* note 136), pp. 24-27.

の支配人は、「彼女はいつも長ズボンと長いプルオーバーを着ている。私は、もう少し見栄え良くセクシーでいることを彼女に要求しただけである。着飾って微笑んでいる人がいることは、やはり心地よい」と述べて、彼女の普段の服装に文句をつけ、自分の発言を正当化している[214)]。彼にとって女性人員とは、職場に花を添え、男性たちの目を楽しませる存在なのである。

Sorin は、「女性であることと軍人であることという女性軍人の矛盾」について論じている。ある陸軍主任軍曹は、「女性が軍服を着て変装することが迷惑をかけないとしても、よき女性にはほかにやるべきことがあり、育てるべき子どもがいるはずだ」として、「夫や子どもやすべてを放っておく幹部」を非難している。このように、女性は、子どもの教育と家の維持と夫への援助に従事しなければならないとされている。したがって、男性的と言われる活動、すなわち、数か月不在にしたり、命を危険に晒したり、命を落としたりする可能性のある活動を女性が行うことは難しい[215)]。

本節(1)においても述べたように、女性は、戦闘部隊に配置されても非戦闘員の職を割り当てられる。このことについて、Prévot は次のように指摘している。軍隊では、他者への配慮や憐憫の情が女性的性質であるとされており、「よき秘書」、「よき看護師」であることが求められる。そして、戦闘職務からの女性の排除は、女性が軍隊組織の一員として認められることへの障害となっている。なぜなら、戦闘部隊においては戦闘職こそが高い価値を持っているため、戦闘職務を遂行しない女性は真の軍人ではないとされるからである。そして、階級の高い女性は、権威を持っていることにより、一層疎ましがられることになる[216)]。

社会学者の Jean-François Léger は、衛生部隊では男性よりも女性が好まれるが、戦闘部隊では、男性の職業的アイデンティティが脅かされるため、女性の拒絶はより強くなっているのだと分析している。女性が戦闘員

---

214) Minano et Pascual, *supra* note 136), pp. 239-241.
215) Sorin, *supra* note 145), p. 155.
216) Prévot, *supra* note 133), pp. 84-86.

として軍隊に入ることに対するこのような姿勢は、参謀長のような高位の軍人にまで見られるものであり、彼らは、女性の体力の弱さや母性をその根拠としている[217]。このように、性についての固定観念、とりわけ性別役割分担意識が根強いため、戦闘職の女性軍人への風当たりは特に強く、女性たちは旧来の性役割の中に押し込められている。

女性軍人が、軍人職務において周縁領域に追いやられていることについては、Mathias Thura が以下のように論じている。陸軍においては、2人に1人の女性が、衛生、伝達、管理、人事、財務といった領域で働いている。こうした仕事は、女性の肉体的特性や、他者への心配りや綿密さといった女性の生来的能力とされているものに適合しているとみなされているのである。そして、肉体的暴力と武器の使用、強さ、忍耐力といった男性的なものとして構築されている能力を活用するような職は、男性に留保されたままである。さらに、部隊内にも、仕事の分配が性別によって決定されている例が見受けられる。戦闘部隊においては戦闘的でない仕事、工学技術や電子工学技術のような専門的能力を必要とする部隊においては一般的な仕事、その他の部隊においても男性同僚を補助する仕事が、女性に割り振られるのである。このように、女性軍人が一定の領域に押し込められ、下位の職に配属されている状況を鑑みるに、軍隊における女性の増加は、「欄外での女性増加（féminisation par les marges）」である。

さらに、Thura は、女性を周縁部分に押しやるメカニズムを次のように分析している。第一に、採用の際、志願者は、社会が期待する性役割に基づいて職を選択する。また、女性は、秘書などの資格を持っていることが比較的多く、持っている資格によって秘書課や会計課に誘導される。さらに、採用時の助言者の助言によっても、志願者の選択は操作される。第二に、女性は、戦闘職に到達したとしても、子どもを産むことにより事務的職務に移行することになる。女性軍人自身は、家族を優先したいという気持ちや事故の危険の回避、疲労の影響を理由として、拘束が少なく規則

217）Minano et Pascual, *supra* note 136), pp. 38-39.

的な労働ができる後方の職を受け入れているが、このことは、家事や育児が女性の役割とされているということを示している。何人かの女性は、少なくとも子どもが成長するまでは作戦への出発を志願することをやめたと証言している。このように、女性は作戦に出発する機会が少なく、このことはキャリアアップを妨げる要因となる。家庭に縛られがちであることによって、昇進に必要な試験の準備も抑制される。こうして、男性のキャリアが一貫しているのに対し、女性のキャリアには傷が付くことになる。すなわち、キャリアに関する規定が形式的に性中立的であっても、男女差別は残存しているのである[218)]。

Sorin も、とりわけ出産が女性のキャリアにもたらす影響について、次のように述べている。女性は、出産すると、契約内容の方向性について質問されたり、契約内容を再検討するように誘導されたりする。作戦的な仕事を行う女性も、出産によって当然のように事務的職務のほうに導かれ、このことがキャリアに害をもたらす[219)]。

HCECM 報告書においては、軍隊内の女性の増加によって、「母であること」、「親であること」の問題が重要性を増しているとされており、それに関連して、陸軍の職員を対象とした次のようなアンケート結果が公表されている。まず、自分のキャリアに満足しているかどうかという設問では、全体としては、女性の80％、男性の76％が満足していると答えている。しかし対象を士官に限れば、満足していると答えたのは、男性の90％に対して女性は79％である。また、現在の自分のキャリアは期待に合致したものであるかとの設問では、女性の54％が合致していないと答え、合致しているとの回答については、男性士官と女性士官で17％もの開きがあった[220)]。

家族が女性のキャリアにおいて障害となっているということについては、6か月以上の育児休暇を取得した軍人の割合についての資料が参考になる。

国防法典によれば、軍人は、子どもに関する休暇として、出産休暇

218）以上、Thura, *supra* note 188）, pp. 23-27.
219）Sorin, *supra* note 145）, pp. 145-146.
220）HCECM, 7ème rapport, *supra* note 182）, p. 35.

（congé de maternité）、父親及び子の受入休暇（congé de paternité et d'accueil de l'enfant）、養子縁組休暇（congé d'adoption）、付添親休暇（congé de présence parentale）[221]、育児休暇（congé parental）を取得することができる（L. 4138-２条、L. 4138-11条）。前四者は就業（activité）であり、育児休暇のみが休職（non-activité）である（同条）。出産休暇は、出産予定日の６週前から出産後10週間までの期間取得できるものである（労働法典L. 1225-17条）。父親及び子の受入休暇は、子の母親の配偶者、子の母親とPACS（民事連帯契約）を締結している者又は内縁の夫として子の母親と生活する者が、子の誕生後に取得できる（L. 1225-35条）。養子縁組休暇は、家庭に養子を迎え入れる日に先立つ７日間と迎え入れた日からの10週間取得できる（L. 1225-37条）。これら３種の休暇は、国家公務員についての規定に関する1984年１月11日の84-16号法律34条５号に定められた期間取得できる（国防法典L. 4138-４条）。付添親休暇とは、扶養している子の病気、事故又は障害が、母親又は父親がつきっきりでそばにいること及びその拘束的な世話を必要不可欠とするほど特に重大であるときに、36か月の期間の中で310就業日を超えない限りで認められる（L. 4138-７条）。

そして育児休暇については、国防法典L. 4138-14条に以下のように規定されている。育児休暇とは、子育てのために、軍隊における就業から一時的に離れることである。この休暇は、無報酬で、子の出生又は養子縁組の後で、軍人の要求のみに基づき、出産休暇や養子縁組休暇とは別に、当然の権利として与えられる。育児休暇は、遅くとも、子どもの３歳の誕生日に、又は養子縁組の場合には養子になった３歳以下の子を家庭に迎え入れた日から３年の期間の満了のときに終了する。養子縁組された子どもが３歳以上で、まだ就学義務の終了年齢に達していないときには、この休暇は、家庭への迎え入れから１年以内で取得できる。この状況において、軍人は、キャリア全体で５年を限度として、すべての段階における昇進の権利を保

221）この訳語は、柴田洋二郎「家族生活と職業生活の両立――育児に関するフランスの社会法制」嵩さやか・田中重人編『雇用・社会保障とジェンダー』（東北大学出版会、2007年）372頁による。

持する。この期間は、部隊における有効な職務として計算される。

国防省の総合評価書によれば、2018年に育児休暇を6か月以上取得した女性軍人は489人、男性軍人は95人である[222)]。女性軍人よりも男性軍人のほうが多いことからすれば、この数字は、女性軍人が男性軍人よりも圧倒的に多く育児休暇を取得しているということを示している。HCECM 報告書においても、育児休暇を取得した軍人の中で、女性が約90％を占めていると報告されている[223)]。

軍人のキャリアと家族の問題について、Sorin は次のように指摘している。女性たちは、身も心も仕事に捧げることができないので、自分たちは男性のような軍人たりえないのだと考えている。彼女たちには子どもがおり、育児に時間を費やしている。女性は拘束されており、出産や子どもの病気のために、男性よりもしばしば欠勤する。したがって、女性が多すぎれば、職務上の問題を引き起こすとされている[224)]。

以上のように、軍隊において、女性は、ステレオタイプな性別役割分担観に基づいて配属場所を決定され、女性に向いているとされる仕事を割り振られる。さらに、子どもが生まれると、育児のために家庭に拘束されることとなり、女性のキャリアは中断する。すなわち、法制度上の男女別異取扱いが解消されても、軍隊が男性を範型として構成された組織であることに変わりはなく、女性は依然として困難を抱えている。

第3節　小括

以上のように、現在では、長らく行われてきた女性に対する採用・職域配置制限は撤廃されているが、依然として女性軍人の比率は低く、職域配置にも男女間で大きな偏りが見られる。そして、雇用形態や賃金にも男女

222）« Bilan social de la Défense 2018 », *supra* note 198）, p. 252.
223）HCECM, 7ème rapport, *supra* note 182）, p. 105.
224）Sorin, *supra* note 145）, pp. 144–145.

格差があり、ガラスの天井の存在も指摘されている。このような状況に対し、国防省によって様々な対策が行われている（第3章参照）が、それらはまだ始まったばかりであるため、その効果については今後の検討課題となる。

そして、こうした対策は男女平等やワークライフバランスの向上を目的として掲げているが、純粋にそれだけだとは言い切れない。女性を取り込むことは、政府・国防省の側の都合によるところが大きい。

第一に、徴兵制の廃止による兵員不足という問題があった。このことによって、国防省は女性の活用に乗り出し、女性は軍隊に吸収されていった。第I部第2章第1節(2)でも見たように、フランスでは、学歴のない女性たちが、就労における最後の頼みの綱として軍隊を捉えている[225)]。すなわち、国防省は、女性の就労しにくい状況を兵員の維持に利用したともいえる。

このような現象が、フランスに特有のものではないということも、同じ箇所で述べたとおりである。人員不足が生じると、軍隊は男性の代替として女性を利用するのである。

第二に、女性の積極的な登用の目的は軍事力強化であるといえる。陸軍人事局長のChristophe Abadによれば、男女混合は、陸軍の人間的豊かさの構成要素上の特性として理解されるのであって、それ自体が目的なのではない。陸軍は、軍隊としての価値を高め、成果を上げなければならないのである[226)]。

2020年1月の会議の中で国防大臣（当時）のFlorence Parlyが行った次のような演説からもそのことが窺える。「あなた方の任務は必須のものである。というのは、省内のさらなる男女混合というこの要求は、何よりもまず作戦上の至上命題だからである。女性も男性も私たちの組織の中に居場所があるのだということを皆に示すことによってこそ、わが軍はさらな

225）Porteret, *supra* note 82), p. 804.

226）Christophe Abad, « Femmes militaires, et maintenant ? Le cas de l'armée de terre », IRSEM, *supra* note 188), p. 10.

る効果を発揮する。この任務は軍隊の基本的価値であり、各人は、この任務の成功の鍵が団結であるということを知っている。そして、真の平等なしに真の団結はないだろう。差別が男女間に存在し続ける限り、そして男女混合が機会として考えられず力として使われない限り、真の団結はないだろう」[227)]。

このように、国防省は、軍隊を維持・強化するために女性を必要としているのであって、男女平等や女性活躍はその手段にすぎないのだという可能性も否定できない。そうだとすれば、軍隊内男女平等に向けた諸政策の推進は、女性たちの平等要求が軍事化に利用されているにすぎないということになる。したがって、こうした政策の真の目的を見極めなければならない。この点については、第３章で改めて検討する。

227）国防省WEBサイト、https://archives.defense.gouv.fr/content/download/575269/9849595/file/Discours%20ministre%20R%C3%A9f.%20mixit%C3%A9-%C3%A9galit%C3%A9%209%20janvier%202020.pdf（Consulté le 3 mai 2024）.

第２章

フランス軍における女性の性的・性差別的被害

軍隊内の女性は、様々な攻撃に晒されている。本章では、フランス軍において発生している女性の性的・性差別的被害の実態を概観し（第１節）、その要因について検討する（第２節）。

第１節　実態

(1)　ジェンダーハラスメント

ジェンダーハラスメントとは、性に関する固定観念やジェンダー規範に基づく嫌がらせである[228)]。雇用及び職業についての男女機会均等原則及び男女平等待遇原則の適用に関する2006年７月５日の欧州議会及び欧州理事会指令2006/54/EC2条１項(c)では、ハラスメントについて、「人の尊厳を侵害する目的又は効果、及び脅迫的、敵対的、侮辱的、屈辱的又は攻撃的な環境を生ぜしめる目的又は効果を伴って、性に関する意に反した行為が生じる場合」と定義されている[229)]。各加盟国には、同指令に従うため

228）中野麻美「ジェンダー・ハラスメント」労働の科学75巻４号（2020年）14頁。「人事院規則10-10（セクシュアル・ハラスメントの防止等）の運用について」（人事院事務総長通知）では、「性別により差別しようとする意識等に基づく」発言や行動が「セクシュアル・ハラスメントになり得る言動」とされている。セクシュアルハラスメントに関する厚生労働省指針にも、ジェンダーハラスメントという言葉は登場しないが、「性別役割分担意識に基づく言動」が、「セクシュアルハラスメントの発生の原因や背景となり得る」として問題視されている（事業主が職場における性的な言動に起因する問題に関して雇用管理上講ずべき措置についての指針（2006年厚生労働省告示第615号）最終改正：2020年１月15日厚生労働省告示第６号）。

229）これは、同項(d)で定義づけられているセクシュアルハラスメントを含む概念と考えられる。

に必要な立法的・行政的措置をとることが課されており（33条）、フランスでは、公務員の権利義務に関する1983年7月13日の83-634号法律6条の2[230]において、「いかなる公務員も、性差別的行為（agissement sexiste）、すなわち、人の尊厳を侵害する目的又は効果、及び脅迫的、敵対的、侮辱的、屈辱的又は攻撃的な環境を生ぜしめる目的又は効果を伴って、人の性に関するあらゆる不正行為として定義されるものを受けることがあってはならない」と定められている。

HCECM報告書においては、男女の関係性における後退の一形態は、階級的上位にある女性に対する若い男性の尊敬が不足していることに表れているとの指摘がなされている[231]。このように、軍隊には、女性を二流の存在とみなす風潮が見受けられる。軍隊における女性蔑視的な言動については、女性軍人による様々な証言がある。例えば、29歳の女性ヘリコプターパイロットは、軍隊内で自分が男性ほど真剣に受け止められていないと感じている。彼女は、女性は伝統的役割においてのみ尊重されており、男性の同僚から手に接吻されていたと証言している[232]。また、22歳の歩兵隊下士官の女性は、女性は自分がその階級に値する存在であるということを男性より多く証明しなければならないと話す。一方で、何かをするときにはまず男性に声がかかるという。この下士官は、このことは単なる無意識的な行動でありそれ以上の意味を持たないと話している[233]が、この種の行為は性差別主義の一形態と見るべきであろう。

また、軍隊においては求められる行動が性別によって異なるということ

230）2019年8月6日の2019-828号法律27条によって改正されたもの。

231）HCECM, 7ème rapport, *supra* note 182), p. 37.

232）Alexia Eychenne, « Avec 20000 postes en moins, l'armée au défi de l'égalité homme-femme », *l'Express*, https://www.lexpress.fr/emploi/avec-20-000-postes-en-moins-l-armee-au-defi-de-l-egalite-homme-femme_1244217.html（Consulté le 3 mai 2024）.

233）Victoria Laurent, « Femme militaire, homme sage-femme : "je pratique un métier loin des clichés" », *marie claire*, https://www.marieclaire.fr/,femme-militaire-homme-sage-femme-je-pratique-un-metier-loin-des-cliches,808745.asp（Consulté le 3 mai 2024）.

が、Emmanuelle Prévot によって指摘されている。男性軍人は、仲間との痛飲に参加しなければならず、強く威厳を持って男性的でなければならないのに対し、女性軍人は、酒に酔ってはならず、男性的になってはならず、女性的な言葉遣いや振る舞いを採用しなければならない[234]。

前章第２節(3)で、性別役割分担意識の表れとして紹介した事例には、ジェンダーハラスメントとしての側面をもつものもある。前線で働くことを希望した山岳砲兵隊員の女性が、同僚から女性の仕事として料理や給仕を強要され、「秘書職の女性の入隊には同意するが、戦闘員としての女性の居場所はない」と言われた事案や、兵舎の食堂の支配人から、よりセクシーな服を着なければ厄介なことになると脅されていた女性軍人の話などがそうである。すなわち、この同僚や上官は、料理や給仕、職場の花といったジェンダーロールを女性に強制しているのである。

このように「女性らしさ」が強要される一方で、女性であること自体が非難の対象にもなっている。憲兵隊初の女性士官である Isabelle Guion de Meritens は、女性軍人たちが、男性社会に統合されるために、「女性らしさ」を否定する振る舞いや言葉遣いを採用していることを証言している[235]。

前述した山岳砲兵隊員の女性は、上官から、重い荷物を運べないだろうと決めつけられたり、立って用を足せないから一人前の軍人たりえないと言われたりしていた。彼女によれば、「軍隊において、女性であることは罰であり、……（中略）……堕落である」。そこで彼女は、胸を平たくする下着を着て、髪を切り、薬で月経を止め、立って用を足して、自らを身体的にも男性化することで男性軍人の中に統合されようとした[236]。また、陸軍中尉であった女性は、軍隊における自らの経験についての著書の中で、男性社会に統合されたいがために、「女らしいとして軽蔑されることのすべて、すなわち、媚態を示すこと、誘惑、極端な臆病、とりわけ弱さとし

234) Prévot, *supra* note 133), p. 91.
235) Minano et Pascual, *supra* note 136), p. 41.
236) Minano et Pascual, *supra* note 136), pp. 26-27.

て捉えられるすべてのこと」を消そうとした経験について述べている[237]。ジャーナリストのインタビューに対し、この女性は、女性軍人は「引っかけられる」ために軍隊にいるのだと男性たちに言われるのだと話していた。また、海軍中尉の女性は、感じのよさを誘惑と捉えられ非難された経験について語っていた[238]。

以上のように、一方では「女性性」[239]が求められ、他方ではそれが忌避されているということが見て取れる。

社会学者の Laura Miller は、軍隊におけるジェンダーハラスメントを分析している。それによれば、ジェンダーハラスメントの形式には、「権威への抵抗」、「継続的な監視」、「ゴシップと噂話」、「破壊行為」、「間接的脅迫」といった類型がある。

「権威への抵抗」とは、女性の上官の命令に従わないことである。そして、そのような部下の反抗は、上官の指導力不足だと解釈され、勤労評価や昇進に影響を及ぼすため、報告がためらわれる。

「継続的な監視」については、女性は男性よりも監視されているということが指摘されている。この監視によって探し出された女性個人の失敗は、女性一般の能力に対する批判として用いられる。このことにより、女性たちは、男性よりもハードに働かなければならないと感じている。

「ゴシップと噂話」に関しては、女性が性的な噂話の的となることが述べられている。女性が複数の男性と出かければ身持ちの悪い女という汚名を着せられ、誰とも会う約束をしなければレズビアンとみなされる。昇進が早かったり希望した部署に配属されたりした女性は、色仕掛けで上官に取り入ったのだと噂される。

「破壊行為」とは、設備を破壊してそこに女性を割り当てたり、適切な

237）Marine Baron, *Lieutenante : Être femme dans l'armée française*, Denoël, 2009, p. 27.

238）Minano et Pascual, *supra* note 136), pp. 43-45.

239）ここでの「女性性」とは、社会が認める規範的な女性のあり方と、身体的な女性の特質の両方を指している。

道具を女性に渡さなかったり、訓練をさせなかったりすることである。このことにより、女性の身は危険に晒されている。

「間接的脅迫」とは、レイプやハラスメントの危険を仄めかすことである。女性が戦闘部隊にいる以上そうした被害を免れることはできないのだということが、女性の身の安全に対する心配を装った男性同僚によって語られる。

以上のようなジェンダーハラスメントは、いずれも、看護や料理の仕事をしている女性よりも、戦闘職に就いている女性に向けられている。そして、ジェンダーハラスメントは、女性をそうした領域から放逐するという効果を持っており、軍隊内の女性の地位とその拡張への抵抗戦略として使われている[240)]。

ジェンダーハラスメントは、一般社会の職場においてもしばしば問題とされるが、以上のMillerの指摘を踏まえると、軍隊におけるジェンダーハラスメントはより一層深刻であるということが推察される。軍隊は、長らく男の砦であり、現在でも軍人の女性比率は極めて低く、ジェンダー的に構成された職域配置が見られる。そのような中で女性軍人を増やすための措置が行われ、男性軍人は、入隊してきた女性たちによって軍隊内のジェンダー秩序が破壊されるのではないかと恐れている。憲兵隊の社会学者であるSylvie Clément大尉によれば、憲兵隊の職業的アイデンティティは、男性的価値によって強く支配されたままであるため、男女混合は、一般的に、軍人の仕事に対する重大な違背である[241)]。このように、軍隊では、一般社会の職場よりも女性に対する拒否感が強いため、女性を排斥するためにジェンダーハラスメントが行われやすい。

240）以上、Laura L. Miller, "Not Just Weapons of the Weak: Gender Harassment as a Form of Protest for Army Men", *Social Psychology Quarterly*, vol. 60, no. 1, 1997, pp. 32–51.

241）Minano et Pascual, *supra* note 136), p. 39.

(2)　セクシュアルハラスメント

セクシュアルハラスメントとは、前記指令2006/54/EC2条1項(d)によれば、「人の尊厳を侵害する目的又は効果、及び特に脅迫的、敵対的、侮辱的、屈辱的又は攻撃的な環境を生ぜしめる目的又は効果を伴って、身体的、言語的又は非言語的に表現された性的含意のある意に反した行為が生じる場合」である。フランスでは、本節(1)で言及した83-634号法律6条の3[242] において、いかなる公務員も、「セクハラ、すなわち、繰り返された性的含意のある発言若しくは行動であって、それが侮辱的若しくは屈辱的な性質をもつためにその者の尊厳を侵害するもの、又はその者の意に反して脅迫的、敵対的若しくは攻撃的な状況を生ぜしめるもの」、「セクハラと同一視されるもの、すなわち、繰り返されたものでなくとも、性的性質の行為となるような実質的又は明白な目的をもったあらゆる形態の重大な圧力で、行為者又は第三者の利益になるように追求されたもの」を受けることがあってはならないと定められている。

しかし、軍隊内では恒常的にセクハラが行われている。まず、女性たちは、容姿や性的指向に言及されたり、性的な質問をされたり、卑猥な話を聞かされたりしている。21歳の志願予備憲兵は、上官から、体を触られたり、胸についての多くのメールを送り付けられたりした[243]。また、ある陸軍志願兵は、彼女がレズビアンであることに関して不快なことを言われていた[244]。他にも、幹部から性的経験の有無について尋ねられていた山岳砲兵隊員[245] や、「君はすでに肛門挿入を楽しんだか」、「君を四つ這いで犯したい」、「私を吸ってくれないか」などと上官から1日に70回も言われ続けた陸軍志願兵[246]、着ている下着に関して上官から質問された通信隊員[247] などがいる。

242）2019年8月6日の2019-828号法律27条によって改正されたもの。

243）Minano et Pascual, *supra* note 136), pp. 147-148.

244）Minano et Pascual, *supra* note 136), p. 154.

245）Minano et Pascual, *supra* note 136), pp. 24-25.

246）Minano et Pascual, *supra* note 136), p. 55.

247）Minano et Pascual, *supra* note 136), p. 243.

また、窃視や露出の被害も発生している。窃視は、宿泊施設がなく、野営をしなければならない海外作戦のときに、とりわけ多発している。2013年の海外作戦では、女性のシャワー室のカーテンが切り取られたり、入浴中に携帯電話が差し込まれて写真を撮られたりするという事件が起こった[248]。また、前述の陸軍中尉は、複数の男性同僚から露出した下半身を見せられる被害に遭った[249]。

さらに、女性は性的客体化もされている。前述の山岳砲兵隊員の女性は、同僚たちのうち誰が彼女を手に入れるのかという賭けの対象にされていた[250]。別の事例では、ある下士官が、女性の命令に従うことを受け入れず、その成功を妬んで、女性たちの軍人証明書の写真で性的な合成写真を作った。さらに、彼は、同僚がその写真を使って自由に合成写真を作れるようにしたうえ、写真の顔部分に付着させた彼の分泌物と生殖器の写真を撮り、被害者に示した。このことにより、女性たちは、鬱病、不眠、不安症、摂食障害を発症した[251]。

(3)　性暴力

刑法典L. 222-23条によれば、強姦（viol）とは、「暴行、強制、脅迫又は不意打ちによって、他者の身体又は行為者の身体に対して実行されるあらゆる性質の性的挿入行為又はすべての口腔性交行為」であり、L. 222-27条に、その他の性的攻撃（autres agressions sexuelles）についての規定がある。女性軍人は、それらの罪に該当するような重大な性暴力被害にも遭っている。

例えば、夜会の後に同僚から強姦された軍人[252]や、飲み物に麻薬を入れられ意識がない中で上官から強姦された陸軍志願兵[253]、上官に頭を捕

248）Minano et Pascual, *supra* note 136), p. 80.
249）Minano et Pascual, *supra* note 136), p. 45.
250）Minano et Pascual, *supra* note 136), p. 30.
251）Minano et Pascual, *supra* note 136), pp. 46-47.
252）Minano et Pascual, *supra* note 136), p. 176.
253）Minano et Pascual, *supra* note 136), p. 194.

まえられて口腔性交させられた伍長[254]、上官や同僚から執拗に胸を触られ彼らの手淫を強制されていた陸軍志願兵[255]、上官から髪を撫でられ胸を触られ背中に生殖器を押し付けられた軍曹[256]などがいる。このように、極めて重大なレベルの性被害も多数発生している。

第2節　要因

以上のような実態を踏まえて、本節では、性的・性差別的被害の一次的・再生産的諸要因について検討する。

(1)　一次的要因

①　学校教育

一次的要因として、まず、軍人を養成する学校の影響が挙げられる。Leila Minano と Julia Pascual によれば、様々な上級軍人学校において、女子学生は、男子学生や教官からの性的・性差別的被害を受けている。そして、いじめ対策全国組織（Collectif national contre le bizutage）の長である Marie-France Henry によれば、女子学生は、性的含意のある行為の被害を受けたことを恥辱だと感じており、告発することは一層の屈辱であると考えているため、告発は困難である。また、告発によって不利益が生じることもある。例えば、教官から強姦された学生たちが、階級組織に被害を訴えたところ、彼女たちは学校に立ち入ることを禁じられ、教育課程を修了する前に軍隊に配備された[257]。教育課程を終えることのできなかった彼女たちは、学校を卒業していれば就けたはずの地位に就けなくなったのではないかと考えられる。

HCECM 報告書は、軍事グランゼコール準備学級とサンシール陸軍士官

254）Minano et Pascual, *supra* note 136), p. 58.
255）Minano et Pascual, *supra* note 136), p. 154.
256）Minano et Pascual, *supra* note 136), p. 239.
257）Minano et Pascual, *supra* note 136), pp. 116, 119-127.

学校（以下、サンシール）の連続体（continuum）が、一定の不適切行動の一因となっていると指摘している[258)]。多くの高位軍人がサンシールを卒業しているため、ここで育まれた精神が、フランス軍の雰囲気に影響を与えている。

元サンシール学生であるCharlotte Ficatは次のように証言している。「私たちは男性の半分であり、片輪の男性であり、私たちには男性（sexe fort、直訳すれば「強い性」）の呼び名に値するために必須の何かが欠けていた。私たちは完全ではなかった。私たちには男という性（sexe masculin）が欠けており、ミソジニストの目から見れば、その所有は、それだけで軍隊におけるその人の存在を正当化し能力を証明することができた」[259)]。「私たちは、彼らの目から見れば不格好で、人間の下位カテゴリーで、忌まわしい存在だった」[260)]。そして彼女は、上官や同僚から、彼女の役割は家で子どもを育て食事を作ることであり軍隊に居場所はないのだと言われていた[261)]。

何人かのサンシールの学生は、女性たちを、「sous-hommes」[262)]の省略である「souzes」という呼び名で呼ぶ。この学校の元女子学生によれば、サンシールには、女性が居場所を持たないのだということを明らかにしようとする慣習があり、女性であるというだけで、自分は部外者なのだと思い知らされる。人間関係センター（Centre des relations humaines）の長であったJean-Michel Moureyによれば、女性たちは、女性は男性より劣っているのだという周囲の談議に加わっており、統轄監査官であるGilles Chevalierによれば、彼女たちは、この学校では侮辱されることも装備の

258）HCECM, 7ème rapport, *supra* note 182), p. 49.

259）Charlotte Ficat, *Les Secrets de Saint-Cyr : Mémoires d'une ancienne élève*, La Boîte à Pandore, 2013, p. 78.

260）Ficat, *supra* note 259), p. 169.

261）Ficat, *supra* note 259), p. 176.

262）「sous-homme」の辞書上の意味は、「人間以下の人、下等人間」であるが、「homme」は、「人」と同時に「男性」をも指す言葉であるため、この文脈においては、「人間以下の人」、「男性以下の人」という意味になる。

一部をなすのだという考えを内面化した[263]。

Katia Sorin によれば、この学校の女子学生は、男子学生からの不快な指摘や侮辱、攻撃的な振る舞いに立ち向かわなければならない。男子学生の目的は、彼女たちが教育を続けられずに軍隊を去ることである。彼らは、彼女たちを挫折させるために、彼女たちの存在が無作法であり間違いであるということ、この学校で彼女たちがすべきことは何もないのだということを、そうした言動によって示すのである。

また、サンシールの幹部や教官も、女性に対する拒否感を持っているが、彼らは、そのような個人的感情と、女性の登用を進めなければならないという立場との板挟みになっている。ある将軍は、講演で、テーマとは無関係に、演習の際に自分の部署を放棄した女性中尉について詳しく物語ったが、このように、幹部や教官は、女子学生を直接攻撃しないとしても、彼女たちをあてこするような言動を日常的に行っており、この学校における女性の存在に敵意を抱いている。他方で、多くの女子学生が、初めの数週間や数か月の間に辞職したいと考える中、幹部は、辞めないように圧力をかける。政治的文脈においては、彼らには女性の辞職を防ぐ必要があるからである。彼らは、女子学生がこの学校で受け入れられているということを示すことで、軍隊が女性の地位についての社会的進歩をたどっているということを表明しなければならない。こうして、幹部や教官は、政治的意向と軍人としての拒否感との相克の中で、女子学生に対する拒絶感情から行われる男子学生の数々の暴挙に対していかなる措置もとることはない[264]。

軍隊の問題を専門とする社会学者である Claude Weber によれば、この学校の女子学生の境遇は困難なものである。彼女たちは、とりわけ身体的能力に対する恒例の懐疑から高性能ではないと判断され、男性社会における社会学的異常とみなされ、神聖不可侵の男性中心主義的団結を危地に陥

263）Minano et Pascual, *supra* note 136), pp. 109-110, 115-116.

264）以上、Sorin, *supra* note 145), pp. 106-110.

れるとして非難される。スティグマ化が絶えることはなく、その結果、女子学生たちは、自分の能力を示さなければならず、自分がこの学校に居場所を持っているのだと証明しなければならないのだということになる。この学校において、女子学生は、軍人であるという前に女性であり、常にジェンダーに還元される。ある女子学生は、男子学生は見逃してもらうのに、女子学生が失敗するといつもそれが取り上げられるのだと証言している。男子学生は、女子学生への拒否感をあらわにしており、彼女たちは、軍隊、ましてサンシールですべきことは何もないのだと言われている。彼女たちは、「その行動様式があらゆる女性らしさを失ったお転婆である」、あるいは、「あまりに女性らしすぎるので、あまりに魅惑的すぎて、団結を妨害しかねない」と非難される。このように、彼女たちは、女性らしくてもそうでなくても、スポーツができてもできなくても、粘り強くてもそうでなくても、勉強熱心でも不勉強でも、サンシールの精神が不足していても適応していても、批判され続ける。結局、女子学生の理想的な行動とは何かと問われれば、多くの男子学生は、ここに来ないことだと答えるのである[265]。

士官学校の段階ですでに、ステレオタイプなジェンダー観や性別役割分担論も強固である。「女子学生の身体的能力は、男子学生よりも常に劣っていることが望まれている」、「男性は往々にして、女性はもろくて貴重なものであるので、生活の厳しい現実から守ったほうがよいのだと考えている」などの証言が、このことを示している[266]。女子学生は、軍事的領域から離れたあらゆる種類の活動を自発的に行った場合に、申し分ないと評価される[267]。ある学生によれば、「サンシールや兵科学校（École militaire interarmes）の女性は、男性の場所で、しばしば肉体的で時には暴力的な仕事において、男性を指揮しなければならないため、非常識だとみなされ

265）Claude Weber, *À genou les hommes, debout les officiers : La socialisation des Saint-Cyriens*, Presses universitaires de Rennes, 2012, pp. 188-192.
266）Weber, *supra* note 265), p. 82.
267）Weber, *supra* note 265), p. 192.

る。技術管理団軍人学校（École militaire du corps technique et administratif）の女性は、軍服を着てはいても文民のような仕事をするため、より受け入れられる」[268)]。

こうした風潮は、サンシールだけでなく、海軍のエリートを養成する学校である海軍学校にも同様に見られる。Chevalier によれば、この学校の支配的な男子学生は、国民戦線（Front National）[269)] に熱心に投票し、女性のことを子どもを産む機械だと考えている。そして、当初はこのような考えを共有していなかった学生たちも、排除されることを恐れて、彼らに倣うようになる[270)]。

このように、女性たちは、女性とは劣ったものだと思い込まされ、ジェンダーロールを押し付けられ、被害を受けても沈黙するのが得策だということを学びながら、軍人になるための教育を受ける。以上のように、女性蔑視の価値観を学生時代に刷り込まれた軍人たちが、軍隊で指揮を執ることになるため、こうしたイデオロギーが軍隊全体に広がるのである。

②　生活様式

性暴力事件の発生は、軍人の生活様式によっても助長されていると考えられる。Minano と Pascual によれば、軍人が勤務時間と休憩時間をすべて共有する閉鎖的組織である軍隊においては、絶え間ないミソジニーが、女性にとって危険な雰囲気を少しずつ浸透させる。Bruno Cuche 将軍は、「男女が同居することの社会生活上の困難」に言及し、「雑居生活を送る人々の中に暴走がある」と指摘している[271)]。とりわけ海外作戦中にはこの問題が深刻化し、女性たちは、就寝中に強姦されたり、入浴中に盗撮されたり、盗撮写真を同僚の間で回覧されたりしている[272)]。このように、

268）Weber, *supra* note 265), p. 303.

269）1972年に Jean-Marie Le Pen が創設した人種主義的、排外主義的な極右政党。2018年６月に国民連合（Rassemblement National）と名前を変え、現在では穏健路線をとっている。

270）Minano et Pascual, *supra* note 136), p. 111.

271）Minano et Pascual, *supra* note 136), pp. 56, 65.

共同生活が、女性に対する攻撃を発生しやすくしている。

③　雇用基準の緩和

徴兵制廃止から生じた新兵の不足という問題により、女性に軍隊への門戸が開いた一方で、軍人の選抜基準が下方修正された[273)]。2005年には、陸軍の採用責任者である Thierry Cambournac 将軍が、学歴がなく困難な状況にある若者に3500人分の志願兵の枠を留保すると発表し、「モーターバイク泥棒やスプレーで落書きする人を雇うことには、軍人になることを受け入れる条件として、どんな問題もない」と断言した[274)]。採用基準を緩めることで、素行不良のために通常の雇用市場に入れなかった人や、本来であれば人間性の問題のために採用されなかった人が軍隊に入ることになり、軍隊内で問題が生じる危険性が高まっている。

(2)　再生産要因

次に、軍隊における性的・性差別的被害の再生産要因について検討する。再生産要因は、個々に独立したものではなく相互に関係しあっているが、ここではいくつかの側面に焦点を当てて述べることとする。

①　加害者の免罪と被害者の不利益

軍隊では、性被害の責任は女性にもあるとされてしまい[275)]、加害者に対して寛容な風潮がある。例えば、ある空軍主任伍長は、２人の女性に対する性的攻撃での未決拘留中に配置転換されたが、新しい配属場所で、司令官から、「堂々としていればよい。君には自ら咎めるべき点はない」と

---

272) Minano et Pascual, *supra* note 136), pp. 80–91.

273) Minano et Pascual, *supra* note 136), p. 70.

274) *Libération*, 11 janvier 2005, https://www.liberation.fr/france/2005/01/11/recrutement-dans-l-armee-c-est-reparti_505755 (Consulté le 3 mai 2024).

275) 軍隊が性暴力事件を防ぐために女性に注意を促し女性の行動を統制する（Prévot, *supra* note 133), pp. 89–91, 本書第Ⅱ部第４章第１節第３段落参照）ということは、このことの証左の一例となる。

言われるなど、同情されたり励まされたりしていた[276)]。

懲罰の面でも同様である。例えば、何人もの部下に対するハラスメントで有罪判決を受けた憲兵隊士官は、3件の告訴を受けながら昇進した。この士官に損害賠償請求し、セクハラの被害者として認定された原告によれば、「何かが起こるとき、彼らは互いに助け合う。憲兵隊は憲兵隊の士官を守った」。また、診察の際に、15人の患者の胸や生殖器に触り、指を差し入れるなどして、重罪裁判所（10年を超える有期または終身の懲役、禁錮に処せられる犯罪を管轄する裁判所）で強姦及び性的攻撃の罪で執行猶予付き禁錮5年の刑を宣告された将軍階級の軍医は、軍隊においてはいかなる制裁も受けることはなかった。パリ大審裁判所で軍事事件を担当しているSandrine Guillon副検事は、軍隊内で性暴力事件が多発し、それに対する制裁がほとんどないことについての懸念を表明している。彼女によれば、軍隊においては、被害者が同意していたという面が強調され、ここが軍隊であるということでセクハラは看過される[277)]。

他方、被害者は非難に晒される。例えば、上官に強姦された19歳の陸軍志願兵は、淫売呼ばわりされて、同僚からも机の上に生殖器を置かれて性的関係を迫られるなどセクハラを受けたため、階級組織にこれらの事件を報告したが、反対に名誉毀損で告訴されるかもしれないと脅された[278)]。また、はさみで服を引き裂かれた空軍の軍人が上官に訴えると、その上官は、彼女を呼び出して、彼女がデリケートすぎるのだと言った挙句、彼女を「男の気を引く女」扱いした[279)]。

配置転換や解雇を仄めかされ、実際にそれが行われる例も多数ある。上官からセクハラを受けた水兵が、解雇されたくなければ告発してはならないと上官から忠告された例[280)]、同じく上官からセクハラを受けた21歳の

276）Minano et Pascual, *supra* note 136), pp. 169-170.
277）Minano et Pascual, *supra* note 136), pp. 157-163.
278）Minano et Pascual, *supra* note 136), p. 197.
279）Minano et Pascual, *supra* note 136), p. 268.
280）Minano et Pascual, *supra* note 136), p. 137.

志願予備憲兵が、被害を訴えたために外出禁止にされ、もし告訴すれば人事異動させられると上官から言われた例[281)]、強姦被害者が、事を荒立てないほうがいいと上官から示唆され、告訴の２週間後に配置転換された例[282)]、女性士官室に入り込もうとした２人の同僚と争って負傷した水兵が、嘘つき呼ばわりされ、15日間の謹慎を命じられた例などがある。この水兵の事案に関する階級組織による調査では、いくつもの報告書が、彼女に責任があるとしていたが、報告書を書いた船員は、上官の命令でそのように書いたのだと後に告白した。彼女が異議を唱えたことにより謹慎は10日間に短縮されたが、彼女は、「反逆的」でその「行動と気質は軍隊組織に適合しないものである」と評価され、何度も配置転換されて、最終的には退役することになった[283)]。このように被害者は、キャリアの上でも不利益を受ける。

軍隊組織やその構成員が加害男性に対して寛容であり、被害者が攻撃され不利益を被ることによって、性暴力が再生産される。現に、強姦されて鬱病になった陸軍志願兵が、上官に被害を訴えたが、告発しないほうがよいと言われたので断念すると、その上官は、彼女のことを沈黙が守れる人だと判断し、彼女の部屋に侵入して膣に指を入れるなどするようになった[284)]。被害者が沈黙させられることで、加害者は野放しになり、さらなる被害が生まれ、被害者はますます沈黙を強いられる。

②　組織内で支援を得ることの困難

軍隊内で被害者を支援する人もまた、不利益を課される。

例えば、軍社会活動局（service d'action sociale des armées）で勤務していたあるソーシャルワーカーは、告発するよう強姦被害者に助言したことで、若い娘たちをそそのかして告発させる支援者として認識され、機動憲

281）Minano et Pascual, *supra* note 136), pp. 148-149.
282）Minano et Pascual, *supra* note 136), p. 177.
283）Minano et Pascual, *supra* note 136), pp. 207-213.
284）Minano et Pascual, *supra* note 136), pp. 221-222.

兵隊に配置転換させられた。配転先で新しい執務室として彼女に与えられたのは、使われなくなった古い兵舎だった。そして、ほかの機動憲兵が任務に就いている間も、彼女には何の仕事も与えられず、部屋にこもっているように命じられていた。彼女が、モラルハラスメントを理由として、裁判所に国防大臣を訴えたところ、裁判所はその事実を認定した。しかしそれでも、侮辱、嫌がらせ、孤立、過剰業務、ハラスメントといった状況は変わらず、彼女は心臓を病んで外科手術をすることになり、家族は離散した。

軍職業訓練センター（Centre militaire de formation professionnelle）のレストランで働いていた女性も、セクハラ被害者を援助したため、「人間関係のいかなる損害をも避ける」という理由で配置転換された。配転先では、上官から、彼女の存在は望まれておらず、沈黙を守れない人員は好かれないのだと言われ、嫌がらせと侮辱を受け、自殺未遂まですることになった。しかし、国防省の弁護士は、彼女のそうした行動を、「同僚や階級組織に対する攻撃的で否定的」な態度の発露だと解釈した。彼女は、「あなたの仕事の質は改善されず、同僚との関係も直属の階級組織との関係も、極めて難しくなっている」との通知を入院中に受け取り、解雇された[285)]。

自らもハラスメント被害者である陸軍中尉は、セクハラ被害にあった下士官を励ました際に「フェミニスト連合を作った」として非難され、隊長から何度も呼び出され、国軍病院（Hôpital d'instruction des armées）の精神科医から「軍隊組織への不適応」と診断されて、病気休暇を提案された[286)]。

このように、被害者を支援すると不利益が課されるため、軍隊内での支援は望めない。

285）以上、Minano et Pascual, *supra* note 136), pp. 223-226, 228-230.
286）Minano et Pascual, *supra* note 136), pp. 269-270.

③　告発のしづらさ

軍隊のことをフランスでは grande muette（巨大な沈黙）と呼ぶことがあるが、軍隊では個人の表現行為が抑圧されており、性被害の告発は難しい。

まず、制度的な問題がある。例えば、女性士官室に入り込もうとした2人の同僚と争ったために、配置転換され、兵役不適格を宣言された前述の水兵が、当時の国防大臣である Alain Juppé に手紙を書いて訴えたところ、軍人事局長（directeur du personnel militaire）から次のような手紙が届いた。「すべての軍人が、階級的秩序と権限行使に従属する。この点を考慮すれば、発生した個人的状況に言及したいと考えている軍人は、階級的なルートを使って、組織の司令官に相談しなければならない。いかなる場合にも、国防大臣に直接訴えかけてはならない」[287)]。元軍医長である Stéphane Lewden によれば、訴訟を起こすときには階級的なルートを経なければならず、もしそうしなければ厳しく非難される。性暴力被害を告発するときには、まずは上官に報告し、その上官が階級組織に報告し、最終的に首脳部にまで届くというピラミッド型の構造を通らなければならないのである。そして、元軍医である Marc Lemaire によれば、部隊に問題があれば隊長がその責任を負うことになり、それは隊長のキャリアにとって汚点となるため、隊長は事件をもみ消そうとする[288)]。このような構造の下、被害者は、事件を上官に報告するときに、告発しないように圧力をかけられ、それに背いた場合には配置転換させられる。

また、軍隊は閉鎖的な組織であり、発生事案の告発は、「集団の忠誠への侵害あるいは集団の完全さへの脅威として受け止められる」[289)]。Marie-France Henry によれば、国防省内では暴力事件がデリケートな主題とされ、自制して話される。国防省内には、階級組織に立ち向かうことや責任者を非難することへのためらいがあり、沈黙の掟が支配しているのであ

287）Minano et Pascual, *supra* note 136）, pp. 211-212.
288）Minano et Pascual, *supra* note 136）, pp. 178-180.
289）Minano et Pascual, *supra* note 136）, p. 191.

る[290)]。Lewdenは、「波風を立てないほうがよい。話をする人は悪く見られる」と証言しており、医師であるPatrick Ringeardも、極めて強い集団現象の存在を確言し、集団における団結が沈黙と黙認を確立しうることを指摘している[291)]。

Minanoと Pascualは、「性暴力被害者の最も危険な敵」として、「自己検閲と沈黙の掟（autocensure et omerta）」の問題を提示している[292)]。Philippe Mazy将軍によれば、「若い娘は、この極めて男性的な階級組織に訴えることをためらう。そして、告発するためには、真の勇気が必要である。というのは、若い娘は、軍隊組織全体を告発するような気がしてしまうからである。こうした事件の大部分は告発に至らなかった。強い集団精神を持っている人にとって、軍人を告発することは心理的に困難である」。パリ軍事裁判所の元予審判事であるBrigitte Raynaudは、告発がキャリアの展開の終焉をもたらしうることを指摘したうえで、その内容が性的なものであるときには、さらに告発しづらくなると述べている。マルセイユ大審裁判所で軍隊の刑事事件を担当しているEmmanuel Merlin副検事も、「この種の事件では、話すことをキャリアとの関連で恐れる娘たちがいる」と評価している。また、Raynaudと同じくパリ軍事裁判所に勤めていたAlexandra Onfray検察官は、軍隊の風紀の事件をあまり扱うことがなかったのは、そうした事件が存在していないからではなく、告発がなされないからではないかと述べている。告発がなされないのは、性暴力を告発する女性は、組織に不利益を与えるということで、厄介な人とされ、キャリアに影響があるためである[293)]。

性暴力の経験は、羞恥心や、スティグマ化や報復への恐れのために、過少に報告される[294)]。フェミニスト性暴力対策協会（Collectif féministe contre le viol）の常設電話窓口には、1999年２月から2013年３月の14年間

290）Minano et Pascual, *supra* note 136）, pp. 272-273.
291）Minano et Pascual, *supra* note 136）, p. 226.
292）Minano et Pascual, *supra* note 136）, p. 237.
293）Minano et Pascual, *supra* note 136）, pp. 243, 247.

で45000件の訴えがあり、272人の女性が軍人による性暴力を告発するために電話していた。しかし、同組織の長である Emmanuelle Piet は、軍隊においては沈黙の掟が強く、同僚間の紐帯によって被害者は告発できないようになっているため、情報収集には限界があると述べている。すなわち、Chevalier が強調するように、告発の数と現場の苦悩との間には溝があるため、告発された事件は氷山の一角にすぎない[295)]。

一般市民社会においても、性暴力被害者が自責の念に駆られて告発できないということは、しばしば指摘されている。被害者が、悪いのは自分だと思い込んでしまうのは、社会が、性暴力被害を被害者に帰責し、被害者を攻撃するためである。本節⑵①で触れたように、軍隊においては、性暴力を防止する責任は女性側にもあるとされてしまうため、この認識の下で、一般社会以上に被害者は責められる。そして、女性たちもこの価値観を内面化してしまい、身を守れなかった自分が悪いのだという認識に陥りやすい。こうしたことにより、性暴力被害者は、被害を矮小化し、あるいはなかったことにしようとする。すなわち、自分が遭遇した出来事はたいしたことではないのだと自らに言い聞かせることで、自分を納得させるほかはないのである。被害者側の矮小化の背景には、このような自己防衛の他に、性暴力が常態化していることによる感覚の麻痺や、さらには、被害者になることを拒否することで、性的客体という伝統的な女性像に還元されることを退けようとする意図があると考えられる。

また、性暴力被害者というスティグマを恐れる感情は、一般女性も持ちうるものであるが、女性軍人の場合には、特別の意味を持つように思われる。それは、一般人よりも強くなければならないとされている軍人が被害に遭うことで、軍人としてのアイデンティティが揺るがされるからである。

294）Brittany L. Stalsburg, *Military sexual trauma: The Facts*, Service Women's Action Network（SWAN), 2010, p. 3, https://www.yumpu.com/en/document/read/37008488/military-sexual-trauma-the-facts-service-womens-action-network（Consulté le 3 mai 2024).

295）Minano et Pascual, *supra* note 136), pp. 252-253.

ある陸軍士官は、軍隊内で上官からの性暴力被害に遭っていたが、それが知られることを恐れ、告発をためらった。彼女は、自分たちは完璧でありたかったし、弱いと思われたくなかったのだと証言している。ある幹部も、女性たちは、スティグマ化されることを恐れており、男性とは異なる条件を持った脆くてか弱いものとみなされたくないと思っているのだと分析している[296)]。本章第1節(1)で言及したように、女性は、男性化することで軍隊内に居場所を得ようとしている。男性のようでなければならないということは、自分が性的対象化されるようなことがあってはならないということであり、彼女たちは、性暴力被害に遭っても告発できない。

同様の指摘は、佐藤文香によってもなされている。佐藤は、「犠牲者は無防備で傷つきやすく、それゆえ、その任務が弱者を守ることである軍隊に居場所を持たないのである」というSasson-Levyの指摘や、アメリカでテイルフック事件[297)]が起こった際に、「テイルフックでわが身を酔っ払いから守れなかった女性たちが、セルビア人やイラク人と戦うために送られるとはわけがわからない」という非難が被害者である女性軍人に対してなされたという話を引用し、「守るはずの軍隊にいる女性が被害にあうことで、軍隊に存在することの正当性を剥奪されてしまう」からこそ、「軍事組織の女性たちは『セクハラの矮小化』を行う」のだとしている[298)]。

以上のように、被害を告発しにくいことや被害が矮小化されることにより、性差別や性暴力は増長する。

④　対応の不徹底

軍隊内での対策は困難である。それは、女性を性的被害から守るための

296）Minano et Pascual, *supra* note 136), pp. 246-247.

297）1991年9月にラスベガスのホテルで発生した性暴力事件。海軍の現役および退役パイロットで構成されるテイルフック協会の年次大会において、酔った若い男性将校たちが同僚女性たちの胸や臀部につかみかかり、衣服をはぎ取った（*The New York Times*, 14 June 1992, A.1; *Austin American-Statesman*, 8 July 1992, A3）。

298）佐藤・前掲注17）265-266頁。

措置が、一方では、特別扱いとして男性から批判され、他方では、軍隊の一員として認められるためには危険も顧みない女性たちによって拒絶されるためである。例えば、ボスニアでの作戦の際には、宿営での男女混合の生活が禁止され、女性専用の区画が設けられた。しかし、このことは男性の抗議を招いたため、男性が女性の区分に住むことや、男性が密集しないですむように区割りを再編成することを、女性たち自身が提案した[299)]。また、マリにおける作戦でも、女性たちは、特別待遇と捉えられるのを避けるために、男女混合で眠ることを自ら選んだ。別の女性も、テントがもともと男女別になっていたにもかかわらず、男性社会に溶け込むために、昼も夜も男性たちの間にいることを望み、責任者と交渉までして、男性のテントで就寝することを選んだ。このような雑居生活の結果、同室で生活していた上官から就寝中に性的被害を受けた女性もいる[300)]。

Sorinによれば、男性と同じ部屋で就寝した陸軍の女性尉官は、もし自分が１人部屋を使えば、女性は常に問題を起こすのだと言われただろうと述べている。女性が男性と同じレベルであるということを示すためには、男性と同じ決まりに従い、離れた場所に身を置かないことが重要である[301)]。

ただでさえ、軍隊内に女性が居場所を得ることは難しいのであるから、女性が優遇されていると受け取られるようなことがあれば、女性への風当たりはますます強くなる。したがって、現場において対策を講じることは難しい。

さらに、長らくの間、議会や政府は、軍隊での性暴力対策についてそれほど熱心ではなかった。国民議会国防軍事委員会の初の女性委員長で、社会党議員のPatricia Adamは、軍隊内男女平等は議題のプライオリティーを構成していないと述べていた。

元国防大臣のMichèle Alliot-Marieは、性差別主義的暴力についてすぐ

299）Prévot, *supra* note 133）, pp. 89-90.
300）Minano et Pascual, *supra* note 136）, pp. 76, 81-83.
301）Sorin, *supra* note 145）, pp. 176-177.

に思い出すことはなく、「数人の古老の心の中の偏見」を除いては、困難はなかったと証言している。彼女は、被害者たちから面会などを要求する手紙を受け取っていたが、それらを拒絶した。軍人権利擁護協会（Association de défense des droits des militaires）も、軍隊内性暴力の無処罰を告発する手紙を彼女に送ったが、加害者は規律に従って処分されており組織は被害者に支援を提供していたとの返事が返って来た。

Hervé Morin 国防大臣（当時）も、ハラスメント被害者である陸軍中尉を助けるよう軍人権利擁護協会に手紙で要求されていたが、要求に応えなかった。Morin によれば、情報はただでさえとても隠されるが、秩序や規律を守らなかった軍人が問題となったときには、さらに隠される。彼は、軍隊内性暴力の事件を聞きつけることは決してなかったと主張する。「私たちは、『ファッショ』的な振る舞いについて話すのが聞こえたが、女性に対するハラスメント、まして強姦については聞いたことがない。軍隊に、それ以上の非難すべき行動があるとは思わない。というのは、懲戒制度があるからである」[302]。

第3節　小括

本章では、フランス軍の中で発生している女性の性的・性差別的被害の実態を明らかにしたうえで、軍隊においてそうした問題が起こりやすい要因について検討してきた。そして、軍隊には、高位軍人を生み出す士官学校の風潮や、劣悪な環境下での男女の雑居状態といった一次的要因のみならず、様々な再生産要因が存在しているということが判明した。

軍人権利擁護協会の長である Jacques Bessy によれば、軍隊組織には、イメージを守らなければならないという強迫観念があり、性暴力事件が組織外に出ることを防ぐためなら、軍隊は何でもする[303]。軍隊では、組織

302）以上、Minano et Pascual, *supra* note 136）, pp. 263, 265-272.
303）Minano et Pascual, *supra* note 136）, p. 141.

のイメージ保持が最重要課題であるため、軍隊内に性暴力事件など決して存在してはならず、徹底的に隠蔽される。そして、加害者は寛大な扱いを受け、被害者が非難される。また、事件の告発は、組織への裏切りとして認識される。このように、軍隊においては、レイプ神話[304)]が極めて根強く残っているということが見て取れる。

軍隊は、国家公認の暴力装置であり、市民社会においては違法行為とされる殺人を合法的に行う権限を付与されているため、その行動には無謬性がなければならない。したがって、性被害はなかったことにされ、加害行為が正当化される。このことが、軍隊においてレイプ神話が瀰漫している所以であると考えられる。軍隊がこのような特殊性を持つ組織である以上、軍隊において、レイプ神話を打破し、女性に対する加害行為をなくしていくことは難しい。

以上のように、軍隊は、組織の性質ゆえにこうした問題が発生しやすく、それが再生産される条件もそろっている。軍隊における女性の性的・性差別的被害の問題は、一般社会とは比較にならないほど深刻である。

304）レイプ神話とは、例えば、女性にはレイプ願望がある、レイプとは露出度の高い服装をしている女性や夜道を一人で歩く女性が見知らぬ人からされるものである、女性が本気で抵抗すればレイプは防げる、女性は虚偽の告発をする、といったものである。レイプ神話は、「レイプを許容し促進する『文化』諸要素の最も重大な核となっており、……（中略）……レイプはやむをえないし加害者に罪はなくむしろ被害者のとがである、と思わせる役割をはたしている」（杉田聡『レイプの政治学――レイプ神話と「性＝人格原則」』（明石書店、2003年）16-17、41頁、宮園久栄・長谷川卓也「刑事事件とジェンダー」第二東京弁護士会両性の平等に関する委員会・司法におけるジェンダー問題諮問会議編『事例で学ぶ　司法におけるジェンダー・バイアス〔改訂版〕』（明石書店、2009年）148頁）。

第 3 章

フランス軍における平等政策

フランスの現大統領であるEmmanuel Macronは、雑誌のインタビュー記事においてフェミニストを自称し、フェミニストであることこそが社会を動かす唯一の方法であると述べている[305)]。Macronは、選挙中もたびたび女男平等に言及しており[306)]、大改革と称して挙げていたいくつかの項目の中には、パリテ[307)]の尊重や女性市民の政治参加のための政策が含まれていた[308)]。また、2017年の女性に対する暴力撤廃の国際デーには、女男平等は5年間の任期の「国家的な大目標」であるとも宣言している[309)]。

305）Catherine Durand et Corine Goldberger, « Entretien : Emmanuel Macron, que ferez-vous pour les femmes ? », *marie claire*, https://www.marieclaire.fr/emmanuel-macron-quand-on-est-dans-l-entre-soi-masculin-on-devient-idiot,849642.asp（Consulté le 3 mai 2024）.

306）Emmanuelle Binet, « Nouveau gouvernement : la parité a-t-elle été respectée ? », *marie claire*, https://www.marieclaire.fr/nouveau-gouvernement-edouard-philippe,1136614.asp（Consulté le 3 mai 2024）. フランス語では、特に平等の文脈においては、femme、hommeの順に表記することが多く、本章で紹介する様々な政策の中でもそのように記されている。そこで本章でも、元の文書においてfemme、hommeの順に記されている場合には、「女男」の表記を用いることとする。

307）パリテ（parité）という用語は、元々は2つのものの類似性を意味する言葉であるが、欧州評議会が1989年11月に開催した「パリテ民主主義」に関するセミナーを介して、「政治的決定の審級における男女の平等な責務」という意味が付与された（糠塚康江「平等理念とパリテの展開――男女「平等」の意味を問う――」辻村みよ子編集代表『社会変動と人権の現代的保障』（信山社、2017年）147頁）。フランス憲法にも、1999年7月8日の改正によって、「選挙による議員職及び公職」のみに限定されたパリテ条項が挿入された。その後、2008年7月8日の改正を経て、パリテは、経済・社会面に拡大され、男女平等の要求のスローガンとなった（辻村みよ子・糠塚康江『フランス憲法入門』（三省堂、2012年）181-185頁〔糠塚執筆〕）。

308）*Le Figaro*, 8 mai 2017, pp. 18-19.

国防省によれば、軍隊は国の顔であり、職場における女男平等の模範となる義務がある[310)]。Macronは、2017年5月17日に発足したÉdouard Philippe内閣で、Jacques Chirac政権下で国防大臣を務めたMichèle Alliot-Marieに続いて2人目の女性国防大臣となるSylvie Goulardを任命した。Goulardは、公金の不正流用疑惑のために1か月で辞任することとなったが、後任にも女性であるFlorence Parlyが任命された[311)]。

HCECM報告書は、軍隊内の女性の地位は軍人たち自身の行動に応じて進展する問題であると指摘している[312)]。すなわち、法制度上の平等の実現は、実際上の平等に必ずしも直接的に結びつくものではない。実際、第1章で見たように、女性に対する職域配置制限が撤廃され、クオータシステムも廃止されるなど、法制度上の男女同等取扱いはほとんど完全に実現しているにもかかわらず、軍隊における女性軍人比率は依然として低く、職域の偏りもあり、雇用形態や賃金、昇進の実態にも格差が見られる。また、第2章で見たように、軍隊内の女性は様々な性差別的被害を受けている。このことを踏まえ、本章では、事実上の不均衡や女性が置かれた困難な状況を改善するために行われている諸政策について分析する。

第1節　平等の現在地

(1)　現状と国防省の認識

2021年3月のフランス国防省の報告書によれば、フランス軍の女性比率は21%を超えており、フランス軍は世界で4番目に女性の多い軍隊である。女性は、省の職員268300人のうち57600人であり、あらゆる職域に入ることができ、33000人の女性が軍の中で働いている。この報告書では、彼女

309）女男平等及び差別対策担当大臣部局WEBサイト、*supra* note 147).

310）« Égalité femmes/hommes », *supra* note 148).

311）Parlyが国防大臣を務めたのは2022年5月までであり、その後任は男性（Sébastien Lecornu）となった。

312）HCECM, 7ème rapport, *supra* note 182), p. 37.

たちが、「あらゆる作戦に参加し、能力と功績以外のことは考慮されず、職務に関する公正規範及び給与規則について、男性同僚と同じものを享受」していることが強調されている。以下、こうした状況についての国防省の認識を瞥見する。

同報告書は、大統領が女男平等を「5年間の国家的な大目標」としたことに触れ、協力の意を示して次のように続ける。軍隊内での女性の地位が勝ち取られ、重要な前進があるとしても、女性比率は2008年以来停滞し、女性は仕事や専門によって不均等に存在し続けている[313)]。女性は省の職員の21％以上を占めるが、文民の女性比率が39.4％であるのに対し、軍人については16.1％にすぎない。最も重い責任のある地位に達することのできる女性の数も依然として限定的であり、女性の将軍は9.6％にすぎない。それは主に逸材がいなくなってしまうことによるものであり、そのことは、キャリアのどの時点でも観察される。組織の魅力と女性の誘引は、省にとって決定的に重要な問題であり続けている。フランス軍が将来にわたって世界で最も女性比率の高い軍隊の一つであり続けるためには、さらに進んで、女男混合のための新しい段階を越える必要があるということが明白である。

この報告書では、国防大臣（当時）である Florence Parly の次のような話も紹介されている。「私たちは、人口の才能の半分を奪われてはならない。それは作戦上の有効性の問題である。私たちは、あらゆる意志とあらゆる参加を必要としている。そして、前進し続け、規律が日々変化する戦場に適応し続けるために、多様性をかつてないほど必要としている。……（中略）……戦場には、もはや男性も女性もいない。敵に相対する一体をなす兵士がいるのみなのだ。私たちの大望は単純である。それは、今日でもまだ存在するあらゆる性質のブレーキを除去することで、男性と同様のキャリアの実現を望む女性に、それを可能にすることである」[314)]。

313）職域配置における不均衡については、女性比率を示した次のような数値も示されている。衛生部61.2％、軍警察30.9％、空軍23.6％、海軍14.8％、陸軍10.7％、軍務総局46.2％などである。

このように国防省は、法制度上の別異取扱いが解消されても、女性比率が低いことや職域配置に男女不均衡があることを問題視し、その改善に熱心に取り組もうとしている。

(2)　国連安保理決議1325号に基づく国別行動計画

このような取り組みは、国連の動向とも関連している。2000年10月、「女性、平和、安全保障」と題された安全保障理事会決議1325号が採択された。この決議は、安保理決議としてはじめて、戦争が女性に及ぼす独特の、不当に大きな影響を具体的に取り上げ、紛争の解決と予防、平和構築、和平仲介、平和維持活動のあらゆる段階への女性の貢献を強調したとされている[315)]。

加盟国には、この決議の履行のための国別行動計画の策定が求められ、フランスでも、これまで３期にわたって計画が定められてきた。この国別行動計画では、軍隊や軍事作戦への女性の参加についても取り上げられているため、この点について特に着目して見てみたい。

第１期計画は、2010年～2013年のものである。この計画は、①暴力からの女性の保護と女性の基本的権利の尊重への注力、②紛争中及び紛争後の状況管理への女性の参加、③教育計画の中での女性の権利の尊重への関心喚起、④政治的及び外交的な活動の発展、という４つの部分で成り立っている[316)]。

この計画の中では、②に関連して、「文民部門の職務、軍人部門の職務、

314）以上、Ministère des Armées, « Mixité et égalité au ministère des Armées », pp. 4－6, https://archives.defense.gouv.fr/content/download/609148/10217029/Dossier%20de%20presse_Mixit%c3%a9%20et%20%c3%a9galit%c3%a9%20au%20minist%c3%a8re%20des%20Arm%c3%a9es.pdf（Consulté le 3 mai 2024).

315）国連広報センター WEB サイト、https://www.unic.or.jp/news_press/features_backgrounders/2841/（2024年５月３日閲覧）。

316）Ministère des Affaires Étrangères et du Développement International, « Plan national d'action de la France : Mise en œuvre des résolutions « Femmes, paix et sécurité » du Conseil de sécurité des Nations unies », p. 6, https://www.diplomatie.gouv.fr/IMG/pdf/PNA_fr_DEF.pdf（Consulté le 3 mai 2024).

そして上意下達システムの中で上位に位置する職務への女性のアクセスを促進することで、PKO 及び平和構築活動への女性の直接的な参加を促進すること」が目標とされ、海外作戦への女性の参加を強化するためのアプローチを進めることとしている[317]。

第２期計画は、2015年～2018年のものである。この計画では、①紛争中及び紛争後の状況管理への女性の参加、②暴力からの女性の保護と、紛争中及び紛争後における女性の権利の保護、③無処罰対策、④関心喚起を通じて、女性に対する暴力対策、女性の権利及び女男平等に関する問題に対応すること、⑤地域的及び国際的なレベルでの「女性、平和、安全保障」アジェンダの促進、という５つの柱が掲げられた[318]。

この中では①がまさに女性の軍事参加をテーマとしており、「フランスが参加する PKO 及び平和構築の任務への女性の参加を文民と軍人の両方について強化すること」が、その内の一目標とされている。そのために、「とりわけ、採用機関や軍隊リセ（高等学校に相当）、下士官及び士官学校における女性の増加によって、国防省の職務における女男平等政策を追求する」こととされており、「幹部レベルを含む各組織における１年に10%の女性の増加」、「陸軍参謀学校と国軍大学校における女性比率」が、その指標とされる[319]。

また、「フランスでの指令的地位または責任的地位への女性の参入を強化すること」も、①の目標である。そのために、「女性の幹部候補者を養成する場の構築」、「国防省でのジェンダーに関する統計の作成と職務における平等に関する比較報告書の発行の追求」が行われることとされており、「任命された女性の数」、「指導的幹部の養成課程に推薦される女性幹部の

317）« Plan national d'action », *supra* note 316), p. 7.

318）Ministère des Affaires Étrangères et du Développement International, « 2e Plan national d'action de la France : Mise en œuvre des résolutions « Femmes, paix et sécurité » du Conseil de sécurité des Nations unies 2015-2018 », p. 7, https://www.diplomatie.gouv.fr/IMG/pdf/femmes_paix_et_securite_final_cle81d4f1.pdf（Consulté le 3 mai 2024).

319）« 2e Plan national d'action », *supra* note 318), p. 12.

比率」、「女性の将軍の任命の比率」、「2014年次以降の事業報告書（Bilan Social）へのジェンダーに関する統計の掲載」が、その指標とされる[320]。

この第２期計画については、2018年12月10日に最終評価報告書が発行された。同報告書では、計画の期間内に、士官学校や国軍大学校における女性比率の有意義な進歩がなく、責任の重い地位へのアクセスも改善していないことが指摘される一方、国防省が、2019年春に向けて、「軍隊における女男混合を促進するための計画」を練っていることについては、「喜ばしく思う」とされている。また、国防省から海外作戦に派兵される女性が、８％と少ないままであることも問題視されている[321]。

同報告書によれば、先に触れた１つめの目標についての達成状況及びそれに対する評価は次のようである。陸軍士官学校に合格した女性の比率は横ばい（2015年に12％、2016年に10.8％、2017年に13.8％）で、空軍士官学校では増加し（2015年に16.5％、2017年に28.5％）、海軍士官学校では後退した（2015年に15％、2017年に8.8％）。国軍大学校への入学試験に合格した女性の比率は、空軍については20％（2015年）から10.8％（2017年）、海軍については９％（2015年）から8.8％（2017年）、陸軍については2.5％（2015年）から6.6％（2017年）になった。したがって、いずれの学校においても大きな進歩はなく、目標は達せられていないとしている[322]。

２つめの目標については次のようである。女性軍人比率は、2009年以来15％（士官15％、上級士官10％、将軍７％）で横ばいであり、文民と軍人を合わせた国防省全体の女性比率は20.6％である。幹部としての初任命にお

320）« 2e Plan national d'action », *supra* note 318), pp. 14-15.

321）Haut Conseil à l'Égalité entre les femmes et les hommes, « Rapport final d'évaluation du 2e plan national d'action « Femmes, paix et sécurité »(2015-2018) : Intensifier les efforts en vue d'une mise en œuvre effective des résolutions « Femmes, paix et sécurité »», p. 26, https://www.haut-conseil-egalite.gouv.fr/IMG/pdf/hce_rapport_femmes_paix_securite_2018_12_11.pdf (Consulté le 3 mai 2024). 国防省が練っている計画とは、次節(3)で詳述する Plan Mixité のことであろう。

322）« Rapport final d'évaluation », *supra* note 321), p. 34.

ける女性比率は、2015年に33％、2016年に19％、2017年に32％である。女性将軍比率は、2015年に6.7％、2016年に7.7％、2017年に７％である。国防省の目標は、女性将軍を2022年に10％に到達するようにし、2025年までに倍増させることであり、指標の前三者については、「達成していない」とされている[323)]。この最終評価報告書では、第３期計画に向けて、PKOへの女性の参加を進めることが必要であるとも記載されている[324)]。

そして、現在は、2021年〜2025年の第３期計画の実施中である。この計画では、①関心喚起を通じて、ジェンダーに基づく暴力への対策、女性の権利及び女男平等に関する問題に対応すること、②紛争中及び紛争後における性差別的及び性的な暴力と暴力的過激主義（extrémismes violents）に直面した女性と少女の保護と、無処罰対策、③紛争の予防、管理及び解決への女性の参加、④アジェンダと国別行動計画の促進、という４つの目標が規定されている[325)]。

第３期計画でも、軍隊への女性の参与が重視されている。例えば、国防省の女性比率が21％を超え、フランス軍が世界で４番目、ヨーロッパでは最も女性比率の高い軍隊であること、女性の誘引は引き続き非常に重要な問題であること、Plan Mixité（次節(3)参照）が行われ、女性軍人比率や海外任務における女性比率、女性将軍比率が向上していることなどについての言及がなされている[326)]。目標③の女性の参加に関しては、「幹部の地位を含む組織のあらゆるレベルへの女性の参加の強化」、「とりわけ女性幹

323）« Rapport final d'évaluation », *supra* note 321), p. 36. 他方、４つめの指標については、比較報告書が、事業報告書に付加されて2015年から発行され、ジェンダーに関する統計も含んでいるため、「2015年以来達成した」と評価された。

324）« Rapport final d'évaluation », *supra* note 321), p. 9.

325）外務省 WEB サイト、https://www.diplomatie.gouv.fr/fr/politique-etrangere-de-la-france/diplomatie-feministe/actualites-et-evenements/article/l-agenda-femmes-paix-et-securite（Consulté le 3 mai 2024）.

326）Ministère de l'Europe et des Affaires Étrangères, « 3e Plan national d'action de la France 2021-2025 : Mise en œuvre des résolutions du Conseil de sécurité des Nations unies « Femmes, paix et sécurité »», p. 10, https://www.diplomatie.gouv.fr/IMG/pdf/pna_3-new_cle819588.pdf（Consulté le 3 mai 2024）.

部の増加を目指す新しい措置の採用の奨励」、「野心的な数値目標を定めることによる最高司令部の女性の一層の増加」が推進される[327)]。

以上見てきたように、これまで行われてきた国別行動計画は、いずれも軍隊への女性の参入を強く求める内容を含んでおり、例えば、ジェンダー問題を専門とする社会学者である Camille Boutron も、国防省が行っている諸政策と国別行動計画とが関連していることを指摘する。Boutron は、軍隊への女性の参入の推進は、国連の要請であり、軍隊を強力にするためにも必要なことであると力説している[328)]。

このように、フランスでは、当該安保理決議を引き合いに出して、軍隊への女性の参入が進められている。この安保理決議と女性の軍事参加の問題をめぐっては、佐藤文香が、このアジェンダを推進する勢力の中に、女性のほうが軍隊に適しているとして女性兵士を求める立場が出現していることについて、批判的考察を加えている。そのような立場は、平和維持活動の現場において、地元の女性が女性 PKO 隊員に信頼を寄せることなどから、女性の存在が任務の遂行をスムーズにすると説くものであるが、佐藤は、それが軍事主義の延命になることを危ぶんでいるのである[329)]。

次節からは、フランス政府・国防省が行っている政策の内容について見ていくこととする。

第２節　平等・混合の推進

軍隊への女性の参入を進める政策には、様々なアプローチのものがあるが、本節では、それを直接的に推進する政策を概観する。

327）« 3e Plan national d'action », *supra* note 326), p. 37.

328）Camille Boutron, « Le ministère des Armées face à l'agenda Femmes, paix et sécurité : Évolution des approches et défis de mise en œuvre », *IRSEM Étude,* n° 88, 2021, pp. 59-60.

329）佐藤・前掲注３）132-141頁。

(1)　権利平等高官

女男平等のための省庁間政策の実行に関する2012年８月23日の通知[330)]により、各省庁は、権利平等高官（Haut fonctionnaire à l'égalité des droits）を指名するよう求められた。権利平等高官は、「その分野に関する政府の一般方針の枠組みで、省庁の女男平等政策を決定し実行する責任」を負っており、次のような任務を担う。省庁の政策全体における女男平等についての現状分析を作成できるように業務を調整すること、その省庁内で、省庁間の行動計画の準備及び追跡調査を調整すること、法律及び規程の法文の準備の中で、そして国家の予算計画の遂行指針の中で、女性の権利と女男平等の問題を強く考慮に入れる業務に従事すること、その省庁の事務総長及び人事局とともに上級職への女性の任命の追跡調査が確実になされるようにし、職務における女男平等と公務員のワークライフバランスのためのあらゆる措置を提案すること。

女男平等及び差別対策担当大臣部局によれば、この権利平等高官のネットワークは、同大臣部局の社会的統合総局の女性の権利及び平等課と公共変革・公務員省によって推進され、各省庁の内部及び各省庁が責任を負う公共政策における女男平等政策の効果的な実行を十年前から促進してきた。女男平等政策は、本質的に省庁横断的であり、省庁の活動のあらゆる領域に関わる方策であると同時に、女性の権利を前進させるための特別な方策でもあるのである[331)]。

この通知を受けて、同年、国防省では、国防大臣（当時）のJean-Yves Le Drianが、Françoise Gaudinを権利平等高官に任命した。そして、「国防省の統計措置の強化」、「選抜試験の審査員のパリテ」、「内外での報告及び関心喚起の活動」、「軍隊の管理部門の養成センターによって行われる教育への女性の参加の増加」という４つの活動が行われることとなった[332)]。

330） *JORF* n° 0196 du 24 août 2012.

331） 女男平等及び差別対策担当大臣部局WEBサイト、https://www.egalite-femmes-hommes.gouv.fr/ministere-egalite-entre-les-femmes-et-les-hommes-diversite-egalite-des-chances（Consulté le 3 mai 2024）.

国防省内における関連施策の立案や実施には、権利平等高官が携わってきた[333]。例えば、後述するデジタルツールや教育計画（次節(1)③参照)、認証の獲得（第４節(1)参照）などについては、権利平等高官の関与が明示されている[334] ほか、パリテ監視委員会（次項参照）の事務局を担ったりセッションに出席したりといった職務もある[335]。

(2)　パリテ監視委員会

国防省女男パリテ監視委員会（Observatoire de la parité entre les femmes et les hommes du ministère des armées）の創設に関する2013年９月９日のアレテ[336] によって、同委員会が創設された。同アレテ２条には、５つの任務――①国防省の女男平等に関して、省庁間の政策の実行に留意すること、②文民及び軍人の女男平等に関する国防省の一般方針及び行動指針を提案すること、③職務における女男平等に関する問題を検討し、あらゆる改革勧告及び改革提案をすること、④国防省内でこの分野に関して行われる様々な行動を調整すること、⑤国防省のすべての統計資料を強化・利用し、これらの問題についての分析・研究・調査を行い、それによって国防大臣及び国防省の様々な責任者を啓蒙できるようにすること――が示され

332）国防省WEBサイト、https://archives.defense.gouv.fr/actualites/la-vie-du-ministere/francoise-gaudin-nommee-haut-fonctionnaire-a-l-egalite-des-droits.html（Consulté 3 mai 2024).

333）Ministère de la Transformation et de la Fonction publiques et Ministère délégué auprès du Premier ministre chargé de l'Égalité entre les femmes et les hommes, de la Diversité et de l'Égalité des chances, « Regards sur 10 ans d'actions et propositions pour l'avenir 2012-2022 », p. 12, https://www.egalite-femmes-hommes.gouv.fr/sites/efh/files/2022-06/10ANS_RESEAU_HFED_13avril2022.pdf（Consulté le 3 mai 2024).

334）Ministère de la Transformation et de la Fonction publiques, « Rapport annuel sur l'égalité professionnelle entre les femmes et les hommes dans la fonction publique : Édition 2022 », pp. 43, 45, 69, https://medias.vie-publique.fr/data_storage_s3/rapport/pdf/286494_0.pdf（Consulté le 3 mai 2024).

335）2013年９月９日のアレテ（後掲注336)）４条。

336）*BOC*, n°41 du 20 septembre 2013, texte 2, https://www.bo.sga.defense.gouv.fr/texte/81206/Sans%20nom.html（Consulté le 3 mai 2024).

ている。この委員会は、国防大臣又はその委任により事務次官によって主宰され、少なくとも年1回招集される（3条）。委員会事務局は、国防省の人事局長と連携して権利平等高官によって確実に担われ、権利平等高官は、この委員会のセッションに出席し、議事日程に登録された資料の準備と報告を確実に行う（4条）。

2013年8月29日、女性の権利大臣（当時）であるNajat Vallaud-Belkacemは、この委員会の設立に際し、職業生活と私生活とのよりよいバランスや、とりわけ最上級の役職に任命される女性を養成する場の構築によって、ガラスの天井を克服し、職務における平等の前進が実現することへの期待を表明していた[337)]。

2014年から2017年の方針としては、国防大臣（当時）であるLe Drianが、①女性のキャリアの展開に対する障害の撤廃、②職業生活と私生活との両立、③平等の問題について若者に関心を持たせること、④女性の幹部の奨励という4項目を定めた。そして、これらの方針の下で、子育て支援や女性幹部を養成する場の充実化など、多くの施策が行われた[338)]。

その後、例えば2018年3月7日の委員会では、「平等」の認証（第4節(1)参照）獲得に向けた手続きを開始すること、Plan Famille（次節(2)参照）の実行によって職業生活と私生活の両立を促進すること、セクハラ・性差別・性暴力への対策を進めることなどを内容とする年間行動計画が定められた[339)]。

それ以降も毎年会議が開催されており、例えば2022年3月8日に行われた第9回会議では、国防大臣が、Plan Mixité（次項参照）をはじめとする

337）女性の権利大臣の演説、https://www.vie-publique.fr/discours/189009-declaration-de-mme-najat-vallaud-belkacem-ministre-des-droits-des-femme（Consulté le 3 mai 2024).

338）Pierre Arnaud, « Point sur les actions menées au sein du ministère de la Défense pour améliorer la parité », IRSEM, *supra* note 188), pp. 58–59.

339）国防省WEBサイト、https://www.defense.gouv.fr/actualites/articles/reunion-de-l-observatoire-de-la-parite-quel-plan-d-actions-pour-2018（Consulté le 7 juil. 2021).

諸政策の成果を強調した[340]。

(3)　Plan Mixité

2019年3月7日、国防大臣のFlorence Parlyは、国防省内の女男混合を強化するための具体的な方策として、Plan Mixité（女男混合計画）を打ち出した[341]。

Plan Mixitéの文書によれば、軍職に付随する拘束があるためにワークライフバランスの維持は難しく、女性比率は依然として低い。また、職員の60%が、軍隊において女性であることは依然として困難であると評価している。フランス軍が将来にわたって世界一女性比率の高い軍隊の一つであり続けるためには、女男混合をさらに推し進め新たな段階を越えなければならないとのことである。

こうして策定されたPlan Mixitéは、①若い女性が入隊したいと思えるようにし、十分な人材養成の場を構成し、大多数の女性が最も責任の重い地位に到達できるようにすること、②女性軍人を誘引し、仕事と職位進行を私生活と両立できないがために女性軍人が作戦や組織を去ることのないようにすること、③軍隊内の女性のイメージを活用して、潜在的な志願者の不安を取り除き、省内の女男混合文化を強化すること、という3項目を努力方針とし、22の具体的な方法を定めている。

具体的内容を見てみると、方針の①に関しては、軍隊の採用機関において女性による受付を促進すること、入隊試験の際に女性審査員が関わるようにすること、②に関しては、家族を理由とする欠勤によって、昇進の際に不利益を被ることのないようにすること、女性将軍を2025年までに2倍にすること、産休後や育休後の職場復帰を支援すること、③に関しては、

340）国防省WEBサイト、https://www.defense.gouv.fr/actualites/neuvieme-observatoire-parite-du-ministere-armees（Consulté le 3 mai 2024）.

341）国防省 WEB サイト、https://archives.defense.gouv.fr/actualites/articles/le-plan-mixite-du-ministere-des-armees-y-aller-y-rester-y-evoluer.html（Consulté le 3 mai 2024）.

軍隊への女性の貢献を強調し、女性が自分を投影できるような「軍隊のヒロイン（héroïnes militaires）」のモデルを提示すること、性差別・性暴力対策を行うこと、女性の昇進のためのフォーラムを作ること、といった手法が挙げられている[342)]。

このPlan Mixitéについては、公共変革・公務員省と女男平等・多様性・機会平等担当大臣部局（現・女男平等及び差別対策担当大臣部局）の報告書の中で、実施から２年の成果が次のようにまとめられている。第１に、軍人の女性比率は、15.8％（2018年）から16.5％（2021年）になり、海外任務に参加した女性の比率も、８％（2018年）から9.5％（2021年）になった。第２に、外部採用の女性比率が、12.4％（2017年10月）から16.7％（2020年10月）に増加し、前進し続けている。第３に、潜水艦も含め、女性が就けない職域はなくなり、「職務の混合」が完全に実現された[343)]。

ここまで見てきたように、2012年に開始された権利平等高官の制度は、政府主導のものであり、国防省は通知に従って任命したにすぎなかった。しかしその後は、権利平等高官を活用し、パリテ監視委員会を創設するなど、自発的に省内の平等に取り組んできた。さらに、とりわけ遅れていた軍隊の女男混合を進めるための措置であるPlan Mixitéまで開始した。もっとも、その「成果」とされていることは、女性比率の若干の上昇と職域配置制限の撤廃にすぎず、国防省自身も、混合は道半ばという認識であろう。

第３節　女性の就業環境の改善

本節では、Plan Mixitéのような直接的に女性を増やす措置ではないが軍隊への女性の参入に資することになるような政策について扱う。

342）以上、« Le Plan Mixité », *supra* note 184), pp. 5－7, 12-14.
343）« Regards sur 10 ans », *supra* note 333), p. 12.

(1)　性差別への対応

①　対策室テミス

2014年４月に国防省は、セクハラ、性差別、性暴力（以下、HDV-S）に対処するために、対策室テミス（Cellule Thémis）を創設した。2018年10月24日の「対策室テミス」の組織、任務及び任務遂行様式に関する494/ARM/CAB号訓令[344]では、HDV-S対策が国防省の優先事項の一つとされており、被害者支援、行為の予防、省の活動の透明性、加害者への制裁という４つの方針が立てられている。

同訓令の前文は、次のように規定する。対策室テミスは、警戒と支援の特別対策室であり、任務中や省当局の監督下の場所で起こったHDV-S事案の適切な処理に責任を負う。文民でも軍人でも、男性でも女性でも、被害者でも証人でも、職員は、HDV-Sの事件を通報することができる。対策室テミスは、無罪推定と守秘義務を尊重し、被害者が保護され、加害者が処罰されるようにする。対策室テミスが要求した情報や資料は、可及的速やかに提示される。

同訓令の１では、対策室テミスの組織と情報収集について規定されている。対策室は、長、書記官、３人の報告官（rapporteur）によって構成される。対策室は、性的な、性差別的含意のある又は性的指向に関連したハラスメント、差別又は暴力のあらゆる被害者から、直接に情報を収集する。また、証人や第三者から間接的に情報収集することもある。対策室は、電話、電子メッセージ、郵便、対策室職員への手交などあらゆる手段で通報を受ける。

２では、個別事案の処理のための対策室の任務と任務遂行様式について規定されている。被害者との関係での任務は、話を聞き助言すること、法的、社会的及び内規上の支援を行うこと、Écoute Défense[345]などの適切なサービスに案内すること、諸権利が認識され尊重されているかに留意す

344）*BOC*, n°43 du 20 décembre 2018, texte 2, https://www.legifrance.gouv.fr/download/file/pdf/cir_44180/CIRC（Consulté le 3 mai 2024）.

ること、である。組織との関係での任務は、被害者の同意を得た上でその情報を伝えること、防止措置や行政調査が適切に実施されるようにすること、弁護側の権利に配慮しながら規律上の制裁が行われるようにすること、場合によっては司法当局に報告されるようにすること、組織内でHDV-Sの疑いがある場合に助言すること、である。さらに、大臣の要請による調査、組織の内部調査の補完調査、職権による調査を行うこともできる。2.2では、被害者支援についての詳細が定められ、必要な即座の保護措置が行われているかどうか検証し、もし行われていなければそれを行うよう所轄機関に要求すること、不服申立てや社会的支援、基本的保護についての権利を被害者に教えることなどが規定されている。

3では、理解、知識、透明性の要請について規定されている。対策室は、省がすべての職員に向けて行うHDV-S予防のための教育計画に参与する。透明性を確保するために、年間活動報告書を作成し、国防省人事局などの各部門や軍人条件評価高等委員会に配付する。この訓令を適用する際のあらゆる困難や、周知する必要があると判断したあらゆる資料について、国防大臣とその官房に報告する。対策室の活動報告書とHDV-S対策の改善提案を、毎年国防大臣に提出する。国防省外の組織の要請に応えて、省のHDV-S政策について周知する。

この訓令に基づいて、対策室テミスは、創設当初からしばらくはHDV-Sの問題のみを扱っていた。しかし、国防省内での暴力、差別、モラハラ・セクハラ及び性差別的不正行為の通報の収集及び取扱いの手続きに関する2021年8月31日のアレテ[346)]が新たに対策室の役割を規定し、その対象は、あらゆる性質の差別に拡大された。同アレテは、国防省職員などのための暴力、差別、モラハラ・セクハラ及び性差別的不正行為の通報

---

345) Écoute Défenseとは、国防省衛生局が提供しているシステムであり、軍人及び文民の国防省職員とその家族が、医学・心理学的な助言を受けることができるようになっている（国防省WEBサイト、https://www.defense.gouv.fr/sga/au-service-agents/soutien-aux-blesses/guide-du-blesse/je-suis-membre-famille-dun-militaire-blesse-malade-0（Consulté le 3 mai 2024））。

346) *JORF* n°0206 du 4 septembre 2021.

装置の配備を目的としており（１条１項）、その被害者又は証人は通報することができることを定める（２条１項）。対策室テミスについては、次のような規定がある。対策室は、通報を収集し（２条３項）、大臣が要求した場合又は例外的な場合には、通報された事案の処理が確実に行われるようにする（４条４項）。対策室テミスが事案処理に責任を負うこの場合には、対策室は、可及的速やかに調査が行われるようにし、その調査結果は報告書に記載される（７条Ⅰ１項）。組織の長は、被害者又は証人への行政的、医療的及び社会的支援に必要な手続きを開始する（９条１項）が、対策室テミスは、事件の処理に責任を負う場合、この支援を実施する責任を負う（９条２項）。

また、対策室は、「国防省内の性的・性差別的な侵害行為とあらゆる性質の差別への対策枠組みにおける正しい実践と義務の手引書」を発行しており、その中では、性的侵害行為や差別の種類や定義、組織と被害者に対する助言などが示されている[347)]。

この手引書では、被害者がとるべき対応について、以下のように説明されている。被害者には、まず、拒絶を示すこと、加害者の不正行為に身を晒さないことが求められるが、省の内外の支援を受けることもできる。省内では、対策室テミスや衛生局、視察官、女男混合担当者、部門の長、厚生福祉課の担当者、省外では、権利擁護官などに相談することができる。懲戒機関や司法機関に訴えるときには、まず、報告書を書き、それから行動することが推奨されている[348)]。

この手引書では、国防省が性暴力を厳しく糾弾し被害者に寄り添うことが示されている一方で、「度を越した告訴または嘘の証言」についての項目が立てられ、その警告に１ページが費やされている。それによれば、

347）Ministère des armées, « VADE-MECUM des bonnes pratiques et obligations dans le cadre de la lutte contre les infractions sexuelles et sexistes ainsi que les discriminations de toute nature au sein du ministère des Armées », https://www.defense.gouv.fr/sites/default/files/ministere-armees/Vade-mecum%20The%CC%81mis%202022.pdf（Consulté le 3 mai 2024）.

348）« VADE-MECUM », *supra* note 347), pp. 30-37.

「告訴から利益を引き出そうとするのならば、そのような不誠実な人は、告訴が度を越している場合、又は部分的にでも全体的にでも嘘である場合には、懲罰を受けることになるのだということを自覚しなければならない」。以下、虚偽の訴えをした場合の禁錮の年数や罰金の額、名誉毀損罪の成立の可能性にまで言及がなされている[349)]。手引書には、序言で、この文書が女男平等の実現と性暴力対策のために作成されたものであり、被害者に寄り添うこと、性暴力の防止、国防省の計画の透明性、犯人の処罰という４項目を基本方針としている旨が示されている[350)]。それにもかかわらず、虚偽証言についての警告に紙幅を割くということは、本来の目的から外れているように思われるうえ、ただでさえ信じてもらえないかもしれないという不安から口を閉ざしがちである被害者に、ますます沈黙を強いる結果になるのではないかと懸念される。

対策室が扱った事件の数は、2015年には86件であったが、年々増加し、2021年には230件になった。230件の内訳は、強姦35件、その他の性的攻撃43件、セクハラ92件、私生活への侵害８件、性差別22件、性差別的侮辱９件、その他21件である[351)]。増加の原因が、対策室の活性化によるものなのか、女性軍人の増加によるものなのかといった分析はなされていない。

権利擁護官の2023年２月21日の審決[352)] の中に、対策室テミスの実際の活動を読み取ることのできる箇所がある。その事案では、上官からの性的な誘いを拒絶したことに対する報復として、暴力を振るわれ、幽閉され、辱められた女性が、対策室テミスを利用した。彼女の相談の１ヶ月後、対策室は軍の参謀長に彼女の通報を伝え、そのまた１ヶ月後に内部調査が開始された。また、対策室は、刑事手続においても彼女を支援し、彼女に長

---

349) « VADE-MECUM », *supra* note 347), pp. 17-18.

350) « VADE-MECUM », *supra* note 347), p. 2.

351) 国防省WEBサイト、https://www.defense.gouv.fr/sites/default/files/ministere-armees/Tableau%20statistiques%202021%20de%20la%20cellule%20Th%C3%A9mis.pdf（Consulté le 3 mai 2024).

352) Décision du Défenseur des droits n°2022-230, https://juridique.defenseurdesdroits.fr/doc_num.php?explnum_id=21589（Consulté le 3 mai 2024).

期病気休暇を付与するよう陸軍参謀に働きかけ、報酬の全額を受け取れるようにした。軍の総監査官によれば、対策室が内部調査結果の受領者であることによって、調査の形式と内容についての欠陥を認めることができたと同時に、告発された事実は証明されていないと結論づける調査員の客観性を疑うことができたという。この調査員は、実は加害者の関係者であり、聴取を十分に行わず、加害者の不適切な発言についても、「少し粗野で無遠慮」なのだということにしていたのである。

このように、対策室テミスが設置されたことにより、被害者救済の実効性が高まったようにも思われるが、上記の例ではむしろ内部調査の調査員の人選に問題があり、対策室の功績については網羅的な検討が必要である。しかし、現在のところそのような報告書などは発表されていないため、別稿に期すこととする。

また、国防法典にハラスメントに関する規定がないことについて、国防省は、ハラスメント行為は刑事の面でも懲戒の面でも処分されるため、それを特別に対象とする規定は不要であるとの見解を示してきた[353)]。しかし、2014年8月4日の2014-873号法律によって改正された国防法典に、ハラスメントの語が初登場し、その後、2016年4月20日の2016-483号法律によって再改正されて現在に至っている。現行法では、L. 4123-10-1条に、セクハラに関する以下のような規定がある。

> いかなる軍人も次のような行為を受けることがあってはならない。
>
> 1°セクハラ、すなわち、繰り返された性的含意のある発言若しくは行動であって、それが侮辱的若しくは屈辱的な性質をもつためにその者の尊厳を侵害するもの、又はその者の意に反して脅迫的、敵対的若しくは攻撃的な状況を生ぜしめるもの。

353) Minano et Pascual, *supra* note 136), p. 279. 公務員の権利義務に関する法律にはセクハラ禁止規定がある（本章第1節(2)参照）。

2°セクハラと同一視されるもの、すなわち、繰り返されたものでなくとも、性的性質の行為となるような実質的又は明白な目的をもったあらゆる形態の重大な圧力で、行為者又は第三者の利益になるように追求されたもの。

とりわけ採用、任官、研修、勤務評定、懲罰、昇進、配属、異動に関するいかなる措置も、次のことを理由として、軍人に対して行ってはならない。

a）第1項にいうセクハラの行為を受け、又は受けるのを拒絶したという事実。ただし、第1号の場合には、それらの発言又は行動が繰り返されなかった場合も含む。

b）これらの行為をやめさせることを目的として、上官に対して申立てを行い、又は裁判を開始したという事実。

c）当該行為を証言し、又は詳述したという事実。

第1項にいうセクハラの行為を行い、又は行うことを指示したすべての公務員又は軍人は、懲罰を科せられる。

②　混合平等担当者ネットワーク

2020年1月9日、国防大臣（当時）のFlorence Parlyは、2019年のPlan Mixitéに続く措置として、混合平等担当者のネットワーク（réseau des référents « mixité-égalité »）を開始した。国防省によれば、この担当者は、「経験豊かで、口が堅く、親しみやすく、他者の話に耳を傾け、常日頃から模範的である」職員であり、「理想としては自発性に基づいて任命」される。全体で1100人の担当者がおり、男女の2人組で、必要に応じて文民と軍人の2人組で、構成されている[354]。担当者の任務は、管轄内で生じた問題について、状況を聴取し仲裁を行うことで、国防省の団結と作戦効率の強化に貢献することである[355]。

354）国防省WEBサイト、https://www.defense.gouv.fr/sga/nous-connaitre/responsabilite-sociale/egalite-professionnelle-entre-femmes-hommes（Consulté le 3 mai 2024).

権利平等高官で、国防省人事局の混合計画長の Anne de Mazieux 海軍准将は、この担当者について次のように説明する。2014年に対策室テミスが創設されたが、その対象とならない日常的行為、「模範的であることや良好な共同生活を侵害しうる」日常的行為を予防することも必要である。そこで、この担当者は、「無作法な振る舞いや悪意のある考え」など、「良好な共同生活を脅かす」ような行為の「仲裁」を担う。こうした行為は、「うっかりして、無自覚にまたは不手際で」行われうるのである。「模範的であることを侵害する状況の証人または被害者」は、２人組の担当者に訴えることができる。担当者は、多様な経歴を有する経験豊かな文民または軍人であり、国防省職員の多様性に対応している。２人組での構成により、補完的視座がもたらされる。

混合平等担当者の担当者という職務もある。この職務を担っている中佐によれば、彼は、40000人の職員（内女性5000人）を担当する50人の混合平等担当者を担当している。担当者たちは、部隊内での悶着について、意見や助言、直接的介入を彼に求めることができ、彼は最速でそれに応える。彼は、担当者に指示を伝えることのほかに、困難に遭遇した担当者を支えるという任務も負っている。また、毎年セミナーを実施し、実際に発生したいくつかの事案を紹介することで、予防のためのよりよい実践と共有を目指している。

この中佐は、自分が扱った事案についても説明している。ある若い女性軍人が、同僚から身体的特徴をあげつらわれる被害にあっていたが、「部隊の団結を損なうことと仲間はずれにされることを恐れて」、上官への報告を望んでいなかった。担当者は、部隊の団結を損なわずに問題を解決する方法がわからず、彼に相談した。彼は、担当者、当事者女性、彼女の部隊の幹部の話を聞き、問題行為をやめなければならないと理解させるために、聴取と対話を行った。

355）国防省WEBサイト、https://archives.defense.gouv.fr/portail/actualites2/lancement-du-reseau-de-referents-mixite-egalite-du-ministere-des-armees.html（Consulté le 3 mai 2024）.

彼によれば、彼の職務の目標は、混合と平等によって、「部隊の完全な団結を維持すること」である。最も難しい状況に直面するのは、ストレスと拘禁の状況下であるので、作戦に出発する部隊に対してはとりわけ警戒的でなければならない。そこで、作戦出発前には、ブリーフィングで打ち合わせ、「組織の団結にとって重要な規則」を思い出させるようにするという[356)]。

③　デジタルツール

国防省は、2021年１月に国防省のイントラネットに、７月には同省のインターネットサイトに、「日常的なセクシズムと闘う」デジタルツール（Outil « Combattre le sexisme ordinaire »）を創設した[357)]。これは、日常的なセクシズムについての皆の意識を評価し、皆の反応をテストし、「日常的なセクシズムと闘う」ような状況に直面したときにどのように反撃し対抗するか学ぶことができるようにするものであり、助言、情報、テスト、ロールプレーイングを提供する[358)]。

このデジタルツールを創設する背景には、次のような認識があったとされている。「『日常的な』セクシズムとジェンダーステレオタイプは、性的及び性差別的な暴力及び差別の連続体の最初のステップであり、……（中略）……公務員の幸福と職務共同体を害する」。こうして、国防省は、「関心喚起の完全な道具」を作り、省のすべての職員が、１週間７日、１日24時間アクセスできるようにしたのである[359)]。

『公職における女男平等年報』によれば、このデジタルツールの目的は、

356）以上、公共変革・公務員省 WEB サイト、https://www.fonction-publique.gouv.fr/devenir-agent-public/choisir-le-service-public/le-ministere-des-armees-des-referents-mixite-egalite-dans-larmee（Consulté le 3 mai 2024）.

357）« Rapport annuel », *supra* note 334), pp. 44-45.

358）国防省WEBサイト、https://www.archives.defense.gouv.fr/sga/rubrique-actualites/l-outil-combattre-le-sexisme-ordinaire-est-desormais-accessible-a-tous.html（Consulté le 3 mai 2024）.

359）国防省 WEB サイト、*supra* note 354).

①日常的なセクシズムの状況に直面した職員に、対抗することを奨励しそのための材料を提供すること、②日常的なセクシズムとジェンダーステレオタイプの様々な表れと野放図な増大について、職員全体に関心を喚起し情報を与えること、③セクシズムに対してより正しく対応するためにセクシズムの現象についての（匿名の統計や短期評価を通じた）追跡調査を可能にすること、である。

同年報によれば、このデジタルツールは、国防省が取り組んでいるテーマである「平等、混合、性差別と性的・性差別的な暴力への対策」の一つと位置づけられている。対策室テミスが、比較的重大な事件に対処するための機関であるのに対し、このデジタルツールは、その前段階としての予防的・教育的なものである。

このデジタルツールについては、アクセス状況などの統計も、同年報で報告されている。それによると、創設時からの累計で、イントラネット版で31816回、インターネット版で3720回の接続があり、利用者による採点は、５点満点で平均3.6点であった。

同年報によれば、このデジタルツール創設後の2021年６月15日、国防省は、職務における平等と多様性について職員全体に教育・関心喚起するために、「平等及び多様性についての教育計画（Plan de formation à l'égalité et à la diversité）」を開始した。この計画は、国防省の全職員が、キャリアの中で最低１回は、女男平等と多様性についての関心喚起及び教育を受けられるようにすることを目指すものである。この計画は、直接管理指導、ウェビナー、教育ビデオクリップなど様々な形式で行われるものであり、このデジタルツールも、そのうちの一つとされた[360)]。

混合平等担当者とデジタルツールは、いずれも予防的・教育的な方策を含んでおり、対策室テミスに加えてこのようなシステムが構築されたことは意義深い。軍隊内での問題の発生の防止に一定程度寄与する可能性はあ

360）以上、« Rapport annuel », *supra* note 334), pp. 42-45.

るだろう。ただ、Emmanuelle Prévot が指摘する「男性的仲間関係（camaraderie virile）」[361] の問題など、軍隊の特性と問題発生の連関についての分析はなされておらず、根本原因をどうするのかという問題は残り続けている。また、日常的な性差別的言動の黙認が重大事件を招く土壌になるとの認識には首肯できる一方、女性の人権や尊厳への言及は一切ないことには違和を覚える。この点については、第５節で改めて検討する。

(2)　ワークライフバランスの向上――Plan Famille

すでに述べたように、女性は、育児の負担を一手に担い、家庭に拘束されているため、私生活によってキャリアが妨げられる傾向がある。このことについては、2016年に、軍人条件評価高等委員会が、「過重労働の家庭生活への深刻な影響、休暇の計画を立てる困難、子どもの保護と教育の困難は、我々の軍隊の脆弱化の重大な要因を構成している」と指摘していた[362]。これを踏まえて、国防省は、2018年～2022年の計画として、Plan Famille（家族計画）を策定・実施した。これは、職務の特殊性を考慮することでその軍人と家族の生活を改善するための計画であった。

Plan Familleは、2019年から2025年までの軍事計画及び各種国防規定に関する2018年７月13日の2018-607号法律の付属報告 3.1.2.2. にも規定された。同付属報告によれば、同法の施行期間内における予算総額は５億３千万ユーロである[363]。

このPlan Famille は、①作戦行動中の留守によりよく配慮すること、②軍人国防コミュニティへの家族の包摂を容易にすること、③よりよい転

361）Prévot, *supra* note 133), p. 92. 詳細は次章第２節参照。「男性的仲間関係」とは、いわゆるホモソーシャルと同義であろう。

362）国民議会 WEB サイト、2018年２月22日の調査報告書第Ⅱ部第１章 C-２、http://www.assemblee-nationale.fr/dyn/15/rapports/cion_def/l15b0718_rapport-information（Consulté le 3 mai 2024).

363）第１期 Plan Familleは2022年までの計画であるが、軍事計画法律に規定された予算額にはそれ以降の分も含まれており、2023年以降も計画が継続する見通しが当時からあったことを窺わせる。

居を行うこと、④家族の居住条件を改善し、財産形成を促進すること、⑤省の社会的支援への家族のアクセスを容易にすること、⑥独身者及び単身赴任者の宿泊状況及び生活状況を改善すること、という６つの方針を柱としていた。

６つの方針の具体的措置は、次のとおりであった。①に関しては、託児所の増設等の子育て支援や、任務中の留守の間の社会保障給付の拡大や行政手続の簡略化、②に関しては、部隊への軍人家族の受入れや、傷痍軍人の家族支援の拡充、③に関しては、任務に伴う転居の際の家族支援、例えば、転居先での配偶者の就労支援や子どもの就学援助、④に関しては、住居や土地の状況の改善や、住宅ローンの支援、⑤に関しては、サービスのデジタル提供などによる社会的支援の強化、⑥に関しては、駐屯地でのサービスの提供による生活状況の改善、である[364)]。

Plan Familleは、2019年11月に、計画の発表から２周年を迎え、国防省はいくつかの施策の実施状況を公表した。例えば、海外作戦に出発して４か月以上の間行政手続を行えなくなることによって軍人と家族が往々にして難しい状況に置かれうるという問題に対し、2019年以来、軍人が行うべき手続きについての代理制度を設け、軍人が転居の手続きなどを配偶者等に代行してもらえるようにした。また、同年から、旧家族団体証明書が配偶者及び子の個人証明書に漸進的に置き換えられたことにより、軍人の家族が、軍人本人がいなくても国鉄の特別料金表の恩恵を受けることや、軍人の配偶者が、様々な手続きを行うために軍隊内部にアクセスすることが可能になった[365)]。

同時に、国防省は、2020年に向けての３つの新しい措置を発表した。それは、支援窓口をあらゆる時・場所に創設し、行政手続や衣服の寸法直し、

364）以上、Ministère des Armées, « Plan d'accompagnement des familles et d'amélioration des conditions de vie des militaires 2018-2022 », pp. 13-36, https://archives.defense.gouv.fr/content/download/516049/8681615/Plan%20d%27accompagnement%20des%20familles%20et%20d%27am%C3%A9lioration%20des%20conditions%20de%20vie%20des%20militaires%20-%202018-2022.pdf (Consulté le 3 mai 2024).

パスポートのための指紋押捺など国防省職員の日常生活に必要なすべてのサービスをそこに集めること、海外での軍人とその家族の生活状況を向上させるために、宿泊施設や食事施設、酒場の施設など軍人とその家族にとって精神的に欠かせない懇親の場を改善すること、軍隊内部のあちらこちらにスポーツキットを設置すること、である[366]。このように、Plan Familleの施策は着々と実施されてきた。

そして、2023年、第２期 Plan Familleが開始されたが、これは、作戦への参加や頻繁な配置転換が私生活、家庭生活、職業生活に及ぼす衝撃を一定限度内に食い止めることを目指すものである[367]。

この第２期 Plan Familleは、「家族の日常」に重点を置いたものであり、①軍人とその家族の配置転換に寄り添うこと、②作戦上の拘束の衝撃を軽減すること、③管轄区域における家族の日常を改善すること、という３つの方針を柱としている。

方針①の下では、次のような措置が行われる。配置転換の際の住居探しと行政手続の支援の提供を試験的に行うこと、地方自治体との連携で保育所創設の努力を強化すること、国防省職員のための母親支援施設の設置を実験的に促進すること、放課後活動への援助を小学生から幼稚園児にまで拡大すること、教育給付の受給者の領域を広げること、配偶者のための就職支援窓口を創設すること、家族の障害に関連した社会福祉給付と休暇旅行援助の受給資格を引き下げること、フランスの鉄道網全体について、軍人の料金表とその家族の料金表を永続させ拡大すること。

方針②の下では、次のような措置が行われる。最も強い作戦上の拘束を

365）国防省WEBサイト、https://archives.defense.gouv.fr/commissariat/actualites-sca/le-plan-famille-fete-ses-2-ans-6-mesures-qui-ont-change-votre-quotidien.html（Consulté le 3 mai 2024）.

366）国防省WEBサイト、https://archives.defense.gouv.fr/commissariat/actualites-sca/le-plan-famille-fete-ses-2-ans-3-mesures-a-venir-pour-2020.html（Consulté le 3 mai 2024）.

367）国防省WEBサイト、https://www.defense.gouv.fr/sga/au-service-agents/soutien-vie-familiale/plan-famille（Consulté le 3 mai 2024）.

受けている軍人に、より優先的に保育所の枠を付与すること、最も強い作戦上の拘束を受けている軍人の中で、より多くの者が託児支援給付を享受できるように条件を拡大すること、軍人とその家族の心構えとリフレッシュのためのイベントの組織を促進すること、軍人の不在時に子どものために提供される支援手段を拡大すること。

方針③の下では、次のような措置が行われる。軍人とその家族のためのいくつかの美術館と建造物へのアクセスの割引又は無料を追求すること、省の支援の提供を周知し家族の紐帯を強化するための省の社会的ネットワークを管轄区域内に設置すること、商店や美術館などで使える配偶者のためのデジタルカードを発展させること、各家庭における施設、設備、家具のために地方が主導して行う計画に予算を割り当てること、軍隊と家族との紐帯を高めるための活動とイベントに予算を充てること。

国防省は、第1期 Plan Famille と比較した場合の「進化」を次のように示している。第1期 Plan Famille には、2018年～2022年の4年間で3億200万ユーロの予算が割り当てられたが、第2期 Plan Famille の予算は、2024年～2030年の6年間で7億5000万ユーロである。また、住居や親への支援措置、配偶者への就職支援といった様々な施策について、具体的な進化があるとされている[368)]。

他方で、独身者の生活条件の改善措置などは廃止されており、第2期 Plan Famille は、支援対象を配偶者や子を持つ軍人に特化した計画になっている。また、第1期 Plan Famille は、女性のための計画とも位置づけられていた[369)]が、第2期 Plan Famille は、もはや平等や混合の文脈では語られていないようである[370)]。

---

368) Ministère des Armées, « Plan Famille 2 : Les Principales Mesures », https://www.defense.gouv.fr/sites/default/files/sga/Les%20principales%20mesures%20du%20plan%20Famille%202.pdf (Consulté le 3 mai 2024).

369) « Le Plan Mixité », *supra* note 184), p. 3.

第4節　評価

(1)　フランス規格協会による認証

以上のように、国防省は様々な取り組みを推進しており、それに対する評価も受けている。

フランスのISO認証機関であるAssociation française de normalisation（AFNOR、フランス規格協会）は、「職務における平等」と「多様性」の認証を行っている。これは、それぞれ2004年と2008年に創設されたもので、前者は、職務における平等と混合の促進を、後者は、公私のセクターにおける差別の予防と多様性の促進を目的とする。そして、2015年12月24日、この２つが結合されたものが創設され、認証プロセスが容易になり、監査時間と費用が最適化された[371]。

政府も、この認証を通じて、差別防止、機会平等、多様性、女男平等を促進しようとしており、2022年までにこの認証を受けた機関の31％は、公共団体である。同年には、96の公共組織と111の私企業がこの認証を受けた[372]。

国防省も、認証を受けるための取り組みを2019年頃から行っており、2019年から2025年の軍事計画法律の付属報告3.1.3.1では、2020年に「多様性」の認証を受けることを目指すと表明されていた。

『公職における女男平等年報』によれば、国防省は、2020年１月に、53000人の職員が勤務する空軍の領域で「平等」の認証を受け、12月には、

370）例えば、国防省WEBサイトの「職務における女男平等」と題されたページ（*supra* note 354)）では、Plan Mixitéや混合平等担当者、デジタルツール、対策室テミスといった施策についての説明があるが、Plan Familleへの言及はない。

371）AFNORのWEBサイト、https://certification.afnor.org/ressources-humaines/label-egalite-professionnelle-entre-les-femmes-et-les-hommes（Consulté le 3 mai 2024).

372）女男平等及び差別対策担当大臣部局WEBサイト、https://www.egalite-femmes-hommes.gouv.fr/un-nouvel-elan-pour-les-labels-detat-egalite-professionnelle-et-diversite（Consulté le 3 mai 2024).

「職務における平等」と「多様性」の結合認証を申請した。その背景には次のような認識がある。「平等と多様性は、国防省の基本的価値を構成する。……（中略）……国防省は、あらゆる形態の差別への対策について模範的でありたい。各人が出自や差異や信念ではなく功績や能力や進歩への意欲で判断されるようになる『社会的階段』を大勢の若者に提供できることを誇らしく思い、国防省は、あらゆる領域出身の者に、扉を大きく開き続けなければならない。それは社会の問題であるが、同様に作戦上の必要性の問題でもある」。「省は、勝利を収める敏捷な軍隊を築き上げるために、あらゆる能力とあらゆる関心喚起を必要とする」[373)]。

その後、2022年12月19日に、国防省は「職務における平等」と「多様性」の結合認証を受けた。省内のあらゆる領域の女性への開放、Plan Mixité の実施、混合平等担当者のネットワークの創設、対策室テミスの設置、「日常的なセクシズムと闘う」デジタルツールの開始といった取り組みが評価されたためである。そして国防省は、この認証を、「新しい逸材を引きつけ、各人が省内で完璧なキャリアを落ち着いて達成できるのだと示すための真の切り札となる」ものであるとしている[374)]。

以上のように、国防省が平等と多様性の促進に取り組んでいることが、認証機関によっても評価されている。

(2)　研究者の見解

先にも引用した社会学者の Camille Boutron は、国連安保理決議1325号の国別行動計画に関連して、フランス軍の平等政策について次のように分析・評価している。Plan Famille は、「直接的に女男平等に関係するものではない」が、「軍隊を新しい家族像に適合させるための努力」であった。このような支援策によって「ワークライフバランスが改善しても、女性がその固有の仕事として家事・育児をするという家族モデルは残っているが、

373）« Rapport annuel », *supra* note 334), pp. 68-69.

374）国防省WEBサイト、https://www.defense.gouv.fr/sga/actualites/remise-labels-diversite-egalite-professionnelle-au-ministere-armees（Consulté le 3 mai 2024).

軍隊への女性の参入はこのモデルの再検討に貢献した」。他方、Plan Mixité は、「ジェンダー主流化の視点を組み込む人材政策」で、Plan Mixité が促進してきた高い地位への女性の就任は、「まだ弱いものの、目に見えるようになってきた」。

こうして Boutron は、フランスがこの問題に取り組んでいることを歓迎しつつ、女性軍人比率が依然として低いこと、女性が特定の職域に偏在していることなどを問題視し、さらなる前進を求めている。彼女は、軍隊に女性を入れることの効果を強調して、次のように述べる。そもそも、「フランス軍は、女性を採用しなければ人員を維持できない」。そして、「安全保障上の新しい問題の出現」によって、「新しい能力の獲得と人員の多様化」が必要とされている。「軍の女性増加は、軍事組織の変革の推進力」なのである[375)]。

Boutron と Claude Weber との共著でも、フランスの取り組みについての次のような言及がある。国防省では、「権利平等高官の任命、パリテ監視委員会の創設、セクハラと性暴力を扱う対策室テミスの設置、国防法典へのハラスメント規定創設、潜水艦の女性への解禁、混合担当者の配置が行われて」おり、とりわけ Plan Mixité は、女男平等の促進のための「革新的政策」である。しかし、軍隊の「職業文化を特徴づける男性支配は再検討されていない」。「女性は極めて少数で、……（中略）……作戦部隊や戦闘役務に近づけば近づくほど過少代表になり、……（中略）……ガラスの天井もある」。これはステレオタイプに基づくもので、女性は、「組織が彼女たちのために示した道を通るように奨励」されている。「作戦は、両性の生理学的差異を理由に、男性独自の仕事と認識されたままである」が、「男女が戦闘で同じ能力を発揮できることは、経験的に示されている」。さ

375）以上、Camille Boutron, *supra* note 328), pp. 60-63, 92-93. ジェンダー主流化とは、国連経済社会理事会の定義によれば、「あらゆる領域・レベルで、法律、政策およびプログラムを含むすべての企画において、男性及び女性へ及ぼす影響を評価するプロセス」である（この定義の訳は、申琪榮「「ジェンダー主流化」の理論と実践」ジェンダー研究第18号（2015年）2頁による）。

らに、「部隊内の全体的雰囲気は、女性の存在の恩恵を受け、作戦での地域住民との関係は、……（中略）……女性の存在によって容易になる」[376]。

このように、国防省の取り組みを評価しつつも、まだ不十分であるのでさらに政策を進めるべきだとする見解が見受けられる。そして、このような見解においては、女性が入ることは軍隊に寄与することなのだと強調されている。

このような見解は、前国防大臣であるFlorence Parlyの考え方に一見合致しているが、相違もあるように思われる。Parlyが、女性を活用しなければ人材の半分を無駄にすることになるという考えで、女性の参入を進めようとしている[377]一方、BoutronやWeberは、部隊の雰囲気や地域住民との関係において女性の存在が有用であると考え、さらに、男性性と軍事性（militarité）との結びつきは必然ではないとして、「合法的な暴力への女性のアクセス」によって、「軍隊社会を構成する覇権主義的男性性のレジーム」を問い直すことができるとも述べている[378]。

この点に関わって、近年の軍隊の見方に関する議論として、「ポストモダンの軍隊」論がある。佐藤文香のまとめに依拠すると、この「ポストモダンの軍隊」論とは、冷戦期以前、冷戦期、冷戦期以後の三段階で軍隊を把握したうえで、この移行過程において、軍隊と社会の関係の変化、軍隊内部の組織的変化、兵士の主観的経験や態度の変化を認識するものである。そして、冷戦期以後の「ポストモダンの軍隊」においては、軍隊そのものの国際化、女性の受容・統合、兵士の自己志向的動機の出現といった特徴が見られるようになるという。佐藤は、この「ポストモダンの軍隊」の

376）Camille Boutron et Claude Weber, « La Féminisation des Armées Françaises : entre Volontarisme Institutionnel et Résistances Internes », *Travail, genre et sociétés*, n° 47, 2022, pp. 40–44.

377）国防省WEBサイト、https://www.defense.gouv.fr/sites/default/files/ministere-armees/8%20mars%202022%20-%20Discours%20de%20Florence%20Parly%20%C3%A0%20l%27observatoire%20de%20la%20parit%C3%A9%20du%20minist%C3%A8re%20des%20Arm%C3%A9es.pdf（Consulté le 3 mai 2024）.

378）Boutron et Weber, *supra* note 376), pp. 46–47.

「新しさ」についての様々な言説を、次の４つに分類している。

１つめに、「女性性と結びつけて『新しさ』をプラスに評価」する立場（以下、この立場をＡの立場とする）がある。この立場では、「これまで、女性が軍隊には適さない理由とされてきたジェンダー・ステレオタイプ――穏やかさや他者への共感、争いを調停する融和的なふるまい――が、『ポストモダンの軍隊』の『新しさ』に合致したものとして評価」される。「ジェンダー統合の支持者たちのこれまでの論理」は、「男女は同じなのだから女性も軍隊に適している」であったが、Ａの立場では、「男女は異なるのであり女性のほうが軍隊に適している」と主張される。

２つめに、「女性性と結びつけて『新しさ』をマイナスに評価」する立場がある。この立場では、「冷戦後の先進国における軍隊の変質」を「女性化」と捉えるが、この「女性化」とは、「軍隊への女性の流入という事実とともに、戦闘マシーンとしての能力の衰退プロセスを意味している」とされる。

３つめに、「男性性と結びつけて『新しさ』をプラスに評価」する立場がある。この立場では、男性性が刷新されて、「破壊、死、喪失に直面し、深い悲しみと苦悩を公然と示して泣く」「タフで優しい」男性こそが、「新たな軍隊の英雄」であるとされる。

４つめに、「男性性と結びつけて『新しさ』をマイナスに評価」する立場がある。この立場では、「ポストモダンの軍隊」は、「軍事化された男性性に依拠し続けて」おり、この軍事化された男性性が、派兵先での暴力や同僚兵士へのハラスメントを引き起こすのだとされる[379)]。

フランスにおける女性の軍隊参入をめぐる上記の言説を、この言説分析に照らして検討してみることとする。Parly の見解は、「男女は同じなのだから女性も軍隊に適している」という「ジェンダー統合の支持者たちのこれまでの論理」と同様であろう。他方、Boutron や Weber の主張は、Ａの立場を想起させる。Boutron や Weber は、「女性のほうが」とまでは

379）以上、佐藤・前掲注３）126-127、133-138頁。

述べていないが、Parlyに比べ、女性兵士に「女性らしい」貢献を求めており、それによって軍隊における男性性のレジームの再検討を試みているという点で、当該立場に類似しているといえよう。国防大臣たるParlyは、旧来の国軍任務を念頭に置いて発言しているのに対し、BoutronやWeberは、PKOに象徴されるような「ポストモダンの軍隊」の任務をも視野に入れているため、この違いは当然のことにも思われる。

ただ、国連安保理決議1325号の国別行動計画（この計画は「ポストモダンの軍隊」の任務として評価されるような任務への女性の参加を推進することを内容としている）との関係でも、国防省が、Aのような立場を明白に示すことはなく、この違いは別の点に起因している可能性がある。佐藤は、「ポストモダンの軍隊」言説以前に存在していたフェミニズムの2つの立場——「軍隊と戦争を男性性に、平和を女性性に結びつけて後者の視点から前者の解体を図ろうとする立場」と、「軍隊と戦争が男性に独占されてきたことをジェンダー関係の不平等の根源と見做し女性の参入によりこれを打破しようとする立場」——が、「ポストモダンの軍隊」の新しさをめぐってAの勢力を形づくっているとしていた[380)]。BoutronやWeberは、女性の参入による「軍隊社会を構成する覇権主義的男性性のレジーム」の問い直しを展望したり、軍隊からの女性の排除と市民権へのアクセスを関連づけて考えたりしており[381)]、この2つの立場の両方の要素を内包している。これに対し、国防省は、そもそもこのいずれの立場にも属しておらず、そういったこととは無関係に、ただ軍隊に役立つというだけの理由で女性の参入を進めているように思われる。

したがって、両者の違いは、それぞれが念頭に置いている軍隊の性質の違いのみに由来するものではないということになる。それは、「ポストモダンの軍隊」言説以前の旧来の国軍任務への女性の参加をめぐる議論のレベルにおいて、すでに存在していたといえるであろう。Boutronや

380）佐藤・前掲注3）139頁。

381）Boutron et Weber, *supra* note 376), pp. 46-47.

Weber は、国防省の方針に賛同し、さらに進めるように要求しているが、自らの主張と国防省の意図との間の隔たりについては自覚的ではないようである。

第5節　小括

これまで見てきたように、フランスでは、軍隊への女性の参入推進や女性の就業環境改善のために様々な政策が行われてきた。とりわけ、日常的な性差別の是正のための予防的・教育的な施策が数年の間に充実したことは特筆すべきことといえよう。したがって、国防省が AFNOR の認証を受けたり、ジェンダー研究者によって評価されたりしていることも、むべなるかなとも思われる。しかし、軍隊への女性の参入推進や女性の就業環境改善は、本当に平等や多様性を実現するために行っているものなのか、疑問が残る。

まず、国防省は、諸政策の目的を作戦効率の向上や団結の強化であるとしている。例えば、混合平等担当者の任務は、「国防省の団結と作戦効率の強化に貢献すること」とされる。担当者自身も、被害者が「部隊の団結を損なうことを恐れて」口を閉ざしていることを把握していながら、自分の目標は「部隊の完全な団結の維持」であると語る。彼が隊員に訓示することは、隊員個人の尊厳などではなく、「組織の団結にとって重要な規則」である[382)]。また、対策室テミスの手引書（2019年版）の中で、国防大臣（当時）の Florence Parly は、「国防省は、性暴力、セクハラ、性差別、性的侮辱などあらゆる形式の性的・性差別的侵害との闘いに決然として乗り出した。これらの許しがたい行動は、階級組織によって、場合によっては裁判所によって、処罰されなければならない。被害者のためには、人間的・社会的な高い費用が掛かるが、傷つけられるのは、私たちの組織の人々の団結と、国防省のイメージである。したがって、私は、これらの受

382）公共変革・公務員省 WEB サイト、*supra* note 356).

け入れがたい行動の根絶に貢献する」と述べていた[383)]。ここで「傷つけられる」とされているのが被害者ではなく軍人の団結と国防省のイメージである点からも、性暴力対策の目的として被害者の人権保障が二次的になっていることが見て取れる。さらに、第1期 Plan Famille の導入文では、「幸せな家族をもたない強い軍人は存在しない。……（中略）……私たちの軍隊は、家族が守られ同伴されると分かっている限りにおいてのみ完全に平穏でありうるだろう」とされていた[384)]。軍人の家族が軍人・軍隊の強さを支えるというこのような認識の下に、家族への支援が行われており、第2期 Plan Famille には、軍隊に「家族を統合する」と明示した施策まである[385)]。

このように、あらゆる政策が、軍隊の強化のためのものとなっているため、女性個人の利益と軍隊組織の利益が対立したときにはどうなるのかという疑問が生じる。例えば、問題解決を追求することで団結が損なわれると判断されたような場合には、被害者に泣き寝入りを強いるのではないかと懸念されるのである。

また、混合平等担当者の話では、ストレスの多い作戦時に問題が起こりやすいとして対策を強化しているという[386)]。通常であれば、そのような対症療法的対応ではなく、ストレス自体をなくすように努力するのではないかと考えられるが、ここではストレスが多いことは問題にされていない。作戦は、暴力があらわになる、すなわち軍隊の真骨頂ともいえる場であり、ストレスの軽減には限度がある。そうした場で問題が多く発生するのだか

383）Ministère des Armées, « Stop aux violences sexistes et sexuelles : vade-mecum des bonnes pratiques et obligations dans le cadre de la lutte contre les infractions sexuelles au sein du ministère des Armées », 2019, p. 3, https://archives.defense.gouv.fr/content/download/585558/9960963/Vademecum%20Th%C3%A9mis%20%202019.pdf（Consulté le 3 mai 2024）. 最新の版（*supra* note 347））には、国防大臣の話自体が掲載されていない。

384）« Plan d'accompagnement des familles et d'amélioration des conditions de vie des militaires 2018-2022 », *supra* note 364）, p. 5.

385）« Plan Famille 2 », *supra* note 368）.

386）公共変革・公務員省 WEB サイト、*supra* note 356）.

ら、暴力性を内在する軍隊は、そもそも問題が生じやすい組織だといえる。だからこそ、そのような対応をするしかないのである。

２人のジャーナリストが行ったフランス軍の性暴力の実態に関する調査研究では、事件の告発が、組織への忠誠に対する侵害行為、組織の完全さへの脅威として受け止められること、団結が事件の黙認を招くことなどが示されている[387)]。このような研究も踏まえて、第２章第２節及び第３節では、軍隊では個人よりも集団が優先されることや、女性に帰責する風潮があることが、性的・性差別的被害の要因となっており、これらの要因を除去しない限り、被害の発生の抑止は難しいということを示してきた。

しかし、これまで述べてきたように、昨今行われている様々な施策の中では、組織のイメージや団結が重視されており、そのこと自体が被害の再生産要因となっているという視点は完全に抜け落ちている。とはいえ、軍隊にとって、組織のイメージや団結は欠かせない要素である。軍隊が軍隊である以上、取りうる対策には限界があるということであろう。

そして、前国防大臣の Parly は、事あるごとに、女性を活用しないことが軍隊にとっての損失であると強調していた。例えば、パリテ監視委員会の第９回会議（2022年）では、次のような演説を行った。「困難で不確実な国際情勢ゆえに、これまで以上に軍隊が必要とされている。熟練し、有能で、鍛え上げられた軍隊が必要である。そしてこの軍隊は、女性の軍隊でもある。多様性は軍隊にとっての豊かさである。国家の活力の50％が奪われてはならない。……（中略）……今日、省には約34000人の女性軍人がおり、その比率は16.5％である。これはヨーロッパや世界と比較すれば多いが、我々が奪っている才能と比べれば少なすぎる。これが、私が５年前から闘ってきた理由である。私の目標は、完全で豊かで実効性のある軍隊モデルを整えるために、我々の軍において女性が当然得るべき地位を女性に与えることである」[388)]。

387）Minano et Pascual, *supra* note 136), pp. 191, 226.
388）国防省 WEB サイト、*supra* note 377).

こうしたことに鑑みるに、ここまで見てきた諸政策は、軍隊をいかに強くし、効率的に作戦を遂行するか、そのためにいかに女性を利用するかという発想に立つものである。佐藤は、「『もっと女性化した軍隊を』の解」が「軍事主義の延命」になることを危惧している[389]が、軍事力強化の意図を隠そうともせずに政府主導で女性の参入推進政策を行っているフランスの状況を見ると、佐藤の懸念はすでに現実化しているように思われる。

また、前節で見たように、「女性が軍隊には適さない理由とされてきた性質――穏やかさや他者への共感、争いを調和する融和的なふるまい――」を「今日の軍隊の多様な任務に合致したもの」と捉え、「女性のほうが軍隊に適している」[390]として女性の参入を求める言説もあるが、そのような性質が重宝するということは、軍隊に女性を入れることの理由にはならないのではないかと考えられる。女性のほうが適しているとして想定されている任務は、主として非軍事的活動であり、非軍事的活動に女性が必要であるということは、必ずしも軍隊に女性が必要であるということにはならないからである。そして、そうした性質を生かそうとするのであれば、それは非軍事的活動でこそ有用なのであるから、PKOであれ人道的介入であれ軍事的措置を伴う（少なくとも排除しない）ような活動よりも、非暴力的介入における男女共同参画を追求することのほうが妥当であるように思われる。

389）佐藤・前掲注３）140-141頁。
390）佐藤・前掲注３）89頁。

第4章
軍隊における女性の立ち位置

本章では、第1章～第3章で見てきた具体的な事実を踏まえ、軍隊内で女性が置かれている状況について、総括的に検討する。

第1節　ジェンダー規範の強固さと「男性性」

第1章で見たように、軍隊においては、女性は圧倒的少数派である。また、職域配置も性別に基づいて決定されているため、女性は、衛生部隊に比較的多い。それ以外の部隊でも、女性は、衛生や料理などの女性のジェンダーロールを割り振られている。このように、軍隊には強固なジェンダー規範があり、このことには、軍隊と「男性性」[391]との関係が影響している。

Emmanuelle Prévot は、フランス陸軍を研究対象として、軍隊と「男性性」との関係について論じている。精神分析学者の Christophe Dejours は、この「男性性」について、「男性の性的アイデンティティに、（腕力、攻撃性、暴力、他者支配の実行と同一視された）権力を表明する力を与える性質」と定義している[392]が、Prévot はこれを踏まえて、軍隊が、この「男性性」を中心的価値とし、男性を範型として組織を構築している様を描き出している。

例えば、男性の性欲とその充足は、「当然のもの」として理解され、「真

391）ここでいう「男性性」とは、男性の本来的な性質ではなく社会的・文化的に構築されたものである。

392）Christophe Dejours, *Souffrance en France : La banalisation de l'injustice sociale*, Seuil, 1998, p. 104.

の男性」である証として正当化されている。したがって、男性軍人が女性の同僚に欲情するのは当然のことと考えられており、「誘惑の企て」を阻止するのは女性の責任である。ボスニアでの作戦の際には、作戦に参加する女性に向けてのブリーフィングが行われ、ある女性伍長は、海外作戦における男性の行動に関して女性たちに警告する責任を負わされた。性的行動、麻薬の摂取、暴力などの「常軌を逸した行動」の発生が危惧されるのは勤務時間外であるため、軍人の行動は、勤務時間外についても監視される。軍人は、男女を問わず同一の規律に服しているのであるが、ここで実際に監視の対象となっているのは女性である。司令部は、男性間での嫉妬が仲間との人間関係に悪影響を与えたり、恋人の存在ゆえに男性が逸脱的になったりすることによって、任務の遂行が妨げられるという理由で、軍人同士の恋愛関係を危惧している。例えば、ある女性は、特定の男性と頻繁に会っていたということで、階級組織から叱責されることになった。このように、女性の行動は監視され記録される。こうして、女性の信頼性に対して疑念が持ち込まれ、女性はトラブルの元とされてしまう[393]。

このように、軍隊的価値と結びつけられた「男性性」が、絶対的なものとして正当化されているため、男性の行動が問題となるはずであるにもかかわらず、女性が問題視される。この認識の下で、ジェンダー規範も軍隊特有の強固なものになっている。

女性軍人は、酒に酔ってはならず、女性的な言葉遣いや振る舞いを採用しなければならず、性差別的あるいは性的な冗談や言い寄り、他の女性軍人に対する品評を、気を悪くすることなく受け入れなければならず、貞淑さを要求される。他方、男性軍人は、飲酒できなければならず、強く、威厳があり、尊敬されるようでなければならず、軍隊における女性の存在への不承認を表明しなければならず、性的行動への愛着を示さなければならない[394]。

393）Prévot, *supra* note 133), pp. 88-90, 95.

394）Prévot, *supra* note 133), pp. 91-92.

第Ⅰ部第3章第2節(2)①でも見たように、Prévotは、男性的特徴の表明だけが、人を真の軍人たらしめる唯一の要素であるとする。したがって、「女性であること」と「軍人であること」は互いに排他的であり、軍事役務を担おうとする女性はどちらかを選ばなければならず、「女性軍人である」という選択肢はないのである[395)]。

第2節　女性の疎外

この「男性性」をもとにした組織のあり方によって、男性軍人間の連帯が強化され、そこから女性が排除される。

Emmanuelle Prévotは、「軍人は皆、強い男性でいることを教え込まれており、強い男性としての価値を常にどこかで示さなければならない」との下士官の言葉を引用し、「男性性」が軍人の表象の中心にあると主張していた。そして、男性モデルに従わない人々は、男性としての地位が否定されるという危険に晒されるため、男性軍人には、先述したような規範に則った行動が要求される。このようにして、「男性的仲間関係」が強化され、男性の支配的な地位が確立される[396)]。社会学者のMichel Pialouxは、共に飲むことによって、男性たちが「同じ世界、親愛の情にあふれた男性的世界、価値観を共有している世界の一部をなしており、同じ言語を話しているのだということを確認する」と指摘する[397)]が、Prévotによれば、彼らの「共通言語」には「女性」に関する話題もある[398)]。

Eleonora Elguezabalは、憲兵隊の男性的モデル（modèle viril）について論じている。軍隊外の一般的な職場では、労働者集団の男性主義的性格（virilisme ouvrier）は脆弱化しているが、憲兵隊では、それは組織や仲間

395）Prévot, *supra* note 133）, p. 87.

396）Prévot, *supra* note 133）, p. 92.

397）Michel Pialoux, « Alcool et politique dans l'atelier. Une usine de carrosserie dans la Décennie 1980 », *Genèses*, n°7, 1992, p. 102.

398）Emmanuelle Prévot, « Alcool et sociabilité militaire : de la cohésion au contrôle, de l'intégration à l'exclusion », *Travailler*, n°18, 2007, p. 170.

と一体化するための方法として有効なままなのである[399]。

このように、軍隊においては、強固なホモソーシャル的連帯[400]が形成されている。第2章では、軍隊においては、一般の社会よりも性的・性差別的被害が発生しやすいということを明らかにしてきたが、性的客体化によっても女性は疎外される。性暴力による疎外効果については、上野千鶴子が、セクハラを俎上に載せて、次のように指摘している。「セクハラはジェンダーの実践である。職業人や研究者である女性を、ジェンダーの属性に還元して『お前は女だ』『しょせん女だ』『思い知れ』という権力の誇示と、それによる男としてのアイデンティティの確認が、セクハラの核心にある」[401]。女性が軍人になることは、軍隊内のジェンダー秩序と男性としてのアイデンティティを破壊する行為である。性暴力が行われることによって、女性軍人は、自分が女性であり性的客体であるということを思い知らされているのである。

Katia Sorin も、競争相手としての女性を疎んじるがゆえに性的客体化が行われるのだとして、次のように述べている。軍隊では、20年前には、女性はとても少なく、女性のものと定められた極めて限定的な職域にいて、男性の地位とキャリアを危険に晒すことはなかった。しかし、今日では、女性の数は増え、あらゆる領域に存在するようになり、男性の直接的な競争相手となっている。女性は、男性と同等か往々にして男性以上に有能で、

399）Eleonora Elguezabal, « Métiers d'ordre, métiers virils ? Genre et capital culturel en brigade de gendarmerie », *Cahiers du genre*, n° 67, 2019, p. 170.

400）上野千鶴子によれば、ホモソーシャルとは、性的であることを抑圧した男同士の絆のことである。ホモソーシャルな男が自分の性的主体性を確認するためのしかけが、女を性的客体とすることである。裏返しに言えば、女を性的客体とすることを互いに承認しあうことによって、性的主体間の相互承認と連帯が成立する。すなわち、ホモソーシャルな連帯とは、性的主体（と認めあった者）同士の連帯である。男と認めあった者たちの連帯は、男になりそこねた男と女とを排除し、差別することで成り立っている（上野千鶴子『女ぎらい　ニッポンのミソジニー』（朝日新聞出版、2018年）27-41頁）。

401）上野・前掲注400）332頁。

402）Sorin, *supra* note 145), p. 144.

男性の地位を脅かす。したがって、男性は、常に、彼女たちを女性の地位、とりわけ性的客体の地位に連れ戻そうとする[402]。

さらにSorinは、軍隊において女性が拒絶されている様を具体的に描いている。拒絶の手段として多く行われているのは、女性が存在していないかのようにふるまうことである。例えば、一部の男性は、女性に挨拶をせず、声をかけず、食事を共にすることもない[403]。

こうした中で、女性たちは対処法を学んでいく。Sorinによれば、性的な冗談に対してとられている対処方法は2つある。1つは、男性がショックを受けたり拒絶の態度を示したりしないような限度でやり返すこと、もう1つは、何も応酬せず言わせておいて、彼らが飽きるのを待つことである。彼女たちは、こうしたことに慣れ、感情を抑制しなければならない。ある役割を演じなければならないかもしれないし、自分の人格とはかけ離れた新たな人格を構築しなければならないかもしれない。ある海軍士官候補生の女性は、性的な冗談について、「ショックを受けてはならず、それを受け入れることができるのだと示さなければならない。そうすることが、統合に有利に作用するのである。……（中略）……彼らを変えようとしてはならない」と証言している[404]。

また、Prévotは、「男性のように」行動する女性や、「女性らしすぎる」振る舞いをする女性は、いずれもスティグマを押されると指摘している[405]。Claude Weberも、女性たちはかわいらしすぎても男らしすぎても軍隊内に居場所を持たないのだと分析している[406]。

以上のように、軍隊は男性を範型として構成されており、その下でホモソーシャル的連帯が形成されていくため、女性は疎外されざるをえなくなる。

403）Sorin, *supra* note 145), p. 170.
404）Sorin, *supra* note 145), pp. 172-174.
405）Prévot, *supra* note 133), p. 91.
406）Minano et Pascual, *supra* note 136), p. 40.

第3節　女性の分断

第1節で引用したEmmanuelle Prévotの指摘のように、「女性であること」と「軍人であること」とは両立しえないと考えられている。したがって、女性軍人は、いずれかを選ばなければならない。具体的には、料理や給仕、看護といった女性のジェンダーロールを担うか、女性性を徹底的に排除して、身体的なものも含む男性化を追求し、一人前の軍人として認められることを目指すか、ということになる。実際、女性軍人たちは、女性のジェンダーロールを忠実に演じようとしたり、反対に、身体的差異をも捨象して男性同僚とまったく同様にふるまおうとしたりしながら煩悶しており、このいずれかの手法で、軍隊内に居場所を得ようとしていることが窺える（第2章第1節(1)参照）。しかし、前者を選べば、従来の性別役割分担を強化することになる。一方、後者を選んで男性化を追求したところで、本当に男性になれるわけではなく、ホモソーシャルな集団の中で名誉男性の称号を得られるにすぎない。

Katia Sorinによれば、女性は、いくらかの特権を獲得するために、女性らしさを演じようとする[407)]。そして、女性的な仕事をする女性軍人は、男性の上官や同僚から可愛がられていた。そうした女性は、男性と競争しようとすることはなく、男性たちは、彼女たちをまず女性として見ており、軍人たる同僚としてではなく、男性たる同僚としてふるまっていたのである[408)]。

そのように、女性的とされている仕事を担い、女性らしさを演じることで軍隊内に居場所を得ようとする女性は、一人の男性に帰属すること、すなわち婚姻によって、その地位を強化することができる。女性の婚姻には、それによって性暴力被害を免れられるという重要な意義がある。ある女性中尉によれば、性的圧力が弱まる唯一の要因は、男性軍人との婚姻である。

407）Sorin, *supra* note 145), p. 163.
408）Sorin, *supra* note 145), p. 145.

婚姻によって、女性は庇護され、敬意を払うべき人となり、男性同僚たちは遠慮を持つようになるのである[409)]。実際、自分が既婚者であることを伝えることで、性暴力を振るわれないようにしていた女性士官の例もある[410)]。第2章第2節(1)①で扱ったサンシールにおいても、恋人を持つことで男子学生からの攻撃が弱まるということが、Sorinによって指摘されている[411)]。

このように、女性は、自分の力では性暴力から逃れることができず、男性に頼るしかないという状況になっている。そして、婚姻すると被害を免れることができるようになるというのは、他の男性が、その女性の所有者とみなされる夫に配慮して、所有物に手を出さなくなるということにすぎず、その女性自身が個人として尊重されるようになったからではない。このように、女性は男性への帰属によって軍隊という男性社会に居場所を得るという仕組みが出来上がっている。

伝統的な女性のジェンダーロールを演じたり男性軍人の妻になったりすることによって軍隊内での地位を確立しないのであれば、残る手段は名誉男性化である。男性化を選んだ女性は、肉体的にも男性化しようとし、男性的であるとされている行動をとり、男性社会の一員になろうとしている。この男性化は他の女性への蔑視を伴う。

軍人として「成功」した女性は、名誉男性としての地位を得て、他の女性たちを抑圧する。ある女性伍長は、上官の気を引いているとして女性隊員たちを非難した[412)]。また、ある女性下士官は、「男たちの関心を引くことを避ける」ために「女らしさを隠して」生活し、男性社会において「全体的に成功」していた。彼女は同僚男性たちの行動に寛大で、「娘がたやすく見えたら、どうせなら誘惑するほうがいい」とまで言う[413)]。このよ

409）Minano et Pascual, *supra* note 136), p. 48.
410）Minano et Pascual, *supra* note 136), p. 95.
411）Sorin, *supra* note 145), p. 108.
412）Minano et Pascual, *supra* note 136), p. 53.
413）Minano et Pascual, *supra* note 136), p. 94.

うに、一部の女性は、男性的価値観に合わせて他の女性を性的存在として扱うことで、自分はそのような女たちとは異なるのだということを示すのである。

Sorinによれば、ある女性たちは、男性軍人が自分たちの前で卑猥な話をすることを歓迎している。そのことによって、彼女たちは、自分たちが男性社会の一員として認められているのだと認識できるからである。彼女たちが、女性を性的客体化するような話に不快感を表明することはない。それどころか彼女たちは、男性軍人が自分たちを「他の女性たち、すなわち、必要以上に性的な意味づけを与えられた人間と混同していない」ということに満足している[414)]。

ある下士官候補生は、自分は女性として当然とはいえない任務を行っているので、自分が軍隊にいることが誇らしく思えるのだと話し、軍隊の「過度の女性増加」に反対している。これについてSorinは、軍隊において女性が例外的な存在でいることが彼女たちの価値を高めることになるため、女性軍人は少数派であり続けようとするのだと述べている[415)]。

このように、少数派であることの恩恵を感じている女性もいる。こうした女性にとっては、軍隊内男女平等推進による女性軍人の増加など、迷惑以外の何物でもない。

以上のように、女性軍人は、伝統的な女性像を演じる者と、名誉男性化する者とに分断される。いずれも、女性が軍隊という男性社会で生き延びるための手法であるが、軍隊のジェンダー的構築を解体するために両者が共闘することはない。

Prévotは、次のように分析している。「秩序を乱す女性の職能代表は、順応させられ、女性によるその隠然化に協力する。軍事組織における居場所についての交渉は、女性が男性的職業を選んだだけに難しい。彼女たちは、日常的に想起する罪悪感によって、男性的慣習を尊重する傾向があ

414）Sorin, *supra* note 145), pp. 167-168.
415）Sorin, *supra* note 145), p. 144.

る」。Prévot によれば、軍隊に統合されたいという気持ちによって、女性軍人は、男性的な視線で他の女性を見て、「悪い女性」から「よい女性軍人」を区別する。「悪い女性」とは、軍隊の共同体における女性軍人のスティグマ化に寄与し、統合を不確かにする姿勢を持つ人のことである。そして女性たちは、男性の慣習を尊重し、偏見の責任は女性自身にあると考える。彼女たちは、ジェンダーによってもたらされるスティグマ化から逃れるために、男性から区別されることを避け、女性の集まりへの参加を断るなど女性から区別されることを試みる。こうして、女性たちは、連帯ではなく分裂に向かう。

そして、女性たちは、「男性的でいることはできないし男性的であってはならない」のであるが、「男性性（virilité）に敵対してはならない」との考えに囚われている。彼女たちは、自らの女性性（féminitude）を解体して、男性のジェンダー規範に従おうとしており、職務における両性の平等を要求する者として女性を位置づけるような包括的な議論を拒絶する。彼女たちの目標は、何よりもまず、「何も激変させることなく、軍事文化に適応すること」なのである[416)]。

以上のように、自らを男性化することで軍隊内に居場所を得るためには、自分は女性一般とは異なるのだということを示す必要がある。したがって、名誉男性化を目指す女性たちは、他の女性を蔑視する。彼女たちは、軍隊が男性を範型として構成されており女性が劣位の存在であることを受け入れたうえで、そこからの自らの差別化を図ろうとする。このように、男並みになって認められようとする女性たちの行動は、ホモソーシャルな連帯に名誉男性として組み込まれようとするものにすぎず、男女平等を目指すものではない。そのうえ、名誉男性はあくまで名誉男性であって男性ではないため、二次的存在であることに変わりはない。したがって、名誉男性化に成功した女性も、抑圧から逃れることは不可能である。そして、女性差別構造は再生産され続ける。

416）以上、Prévot, *supra* note 133), pp. 96-99.

このように、「自分を女の『例外』として扱い、自分以外の女を『他者化』することで、ミソジニーを転嫁する戦略」を、上野千鶴子は、「『例外』戦略」と表現する。その戦略のうちの一つが、「男から『名誉男性』として扱われる『できる女』になる戦略」である。上野は、このような女性が、ホモソーシャルな男の共同体へ「名誉男性」として迎えられるとしても、決して「仲間」と認められることはなく、彼女たちは、「例外」視を通じて、「普通の女」への蔑視を再生産しているのだと述べている[417)]。

以上のように、女性軍人は、自分より弱い立場の女性を蔑視することによって、軍隊内での地位を確保しようとするので、女性の地位の向上や人権保障が女性の共同要求になるどころか、女性たちは互いに反目しあうことになる。したがって、軍隊において、女性の連帯は成り立たない。そして、「分割して統治せよ（*Divide et impera*）」というように、このような分断は支配者にとっては好都合である。軍隊のジェンダー構造を維持し、女性を二流の存在にとどめたままで、軍事力強化のために女性の力を利用できるからである。

417）上野・前掲注400）249-251頁。

終章

第Ⅱ部では、フランス軍における男女不均衡と女性の性的・性差別的被害の検討、男女平等政策の分析を通して、軍隊内の女性がいかなる状況におかれているのかということについて検討を行ってきた。そして、フランスでは、軍隊内男女共同参画が国策として進められているものの、依然として女性軍人の割合は低く、職域配置にも偏りが見られ、ガラスの天井が存在しているということ、軍隊においては一般の社会よりも性的・性差別的被害が発生しやすいということが明らかになった。さらに、男女平等と銘打って行われている様々な政策の最も重要な目的は軍隊の強化であり、女性個人の権利・利益は二の次になりかねないということも確認できた。一部のフェミニストは、男女平等のために軍隊への女性の参入を求めているが、女性の数を増やしたり女性が戦闘領域に入れるようにしたりしても、実態としては、女性は疎外されやすく、女性軍人同士が共闘して組織内の女性の地位を向上させるということは困難なのである。

このような検討を踏まえると、軍隊への男女共同参画を求める上記のようなフェミニスト、とりわけ「ミリタリスト平等派」が抱えている問題が見えてくる。それは、「ミリタリスト平等派」の主張、すなわち、男女の差異を個人差よりも小さなものと考え、男女に対する権利と義務の平等な分配を求めて軍隊への女性の参入を要求する主張が、実際には成り立ちにくいのではないかということである。なぜなら、軍隊の組織としての支配的イデオロギーは、男女の差異を個人差よりも大きなものと認める「ミリタリスト差異あり平等派」にしかならない一方、個人のイデオロギー傾向としては、一部の女性軍人は、男女に対する権利と義務の平等な分配を認めない「ミリタリスト実力至上主義者」になりやすいように思われるためである[418]。

「ミリタリスト差異あり平等派」は、「女性の戦争協力や軍隊参加を男性とは『異なる形で』引き出そうとする軍や政府の中心的イデオロギー」[419] でもある。フランスで女性が軍隊に入り始めたのは看護領域からであったし、女性の仕事を衛生や後方支援に限定する傾向は、その後も長らく続いた。現在では男女混合政策が行われているものの、ジェンダーロールに沿った仕事が割り当てられるというこの傾向は変わっていないように思われる。このことから、軍や政府が、「女性らしさ」に価値を見出し、その限りにおいて軍隊で女性を利用しようとしてきたこと、そしてそのように構築された性別役割分担構造が維持されていることがわかる。フランス軍は世界で最も女性比率の高い軍隊の一つであるが、それでも組織としてのジェンダーイデオロギーは「ミリタリスト差異あり平等派」のままである。

他方、「ミリタリスト実力至上主義者」は、「業績主義的個人主義」的で「男女平等には関心を示さない」[420] のであるが、フランス軍の女性の一部にも、このような態度が見受けられた。彼女たちは、軍人として成功するためには名誉男性化しなければならず、他の女性を蔑視して、自分のことを彼女たちとは異なる存在として位置づけている。このように、一部の女性が名誉男性化することにより女性の分断が生じ、男女平等は女性軍人の共通の要求とはなりにくいため、ミリタリスト実力至上主義的なジェンダーイデオロギーは克服されない。

こうしたことに鑑みれば、女性を「女性らしい」地位にとどめたままで女性の力を利用しようとする軍隊組織の「ミリタリスト差異あり平等派」イデオロギーや、男女平等に無関心な女性軍人個人の「ミリタリスト実力至上主義者」イデオロギーの侵襲を受けずに、「ミリタリスト平等派」の主張を維持するのは難しく、そのジェンダーイデオロギーの存立は、現実的には困難なのではないかと考えられる。したがって、男女平等を理由とする女性の軍隊参入要求は、その狙い通りにはならないであろう。

418）これらのジェンダーイデオロギーについては、「序」の第１節で触れた佐藤文香の分類参照。

419）佐藤・前掲注17）63頁。

420）佐藤・前掲注17）76頁。

佐藤文香は、自衛隊を素材として、その「公定イデオロギーの到達点である『ミリタリスト差異あり平等』イデオロギーが、組織の構成員たちに影響を与えながらも、彼ら自身の手によって再生産されていく」メカニズムを描き出した。このイデオロギーは、「軍事組織の効率を第一義的に重視することで、女性を組織内にとり込みつつも、男性より効用の劣る存在として劣位におくようなジェンダー編成をつくり上げ、それを正当化」する。そこでは、「常に男性（性）が特権化されており、……（中略）……男性構成員の間に、『ミリタリスト伝統主義者』や『ミリタリスト差異あり平等派』イデオロギーを蔓延させ」る。そして、これらの支配的イデオロギーに同化することを選択する女性が生じる一方、エリート女性は、そのような女性から自らを差異化しようとし、個人の実力のみに価値を認めるために、「『男女平等』という『政治理念』に対しては、冷ややかなまなざしを向ける」[421)]。

こうして佐藤は、自衛隊が女性を組織に取り込みつつジェンダー関係を二項対立的なものとして再構築し続けてきたことを明らかにした。そして本書第Ⅱ部では、フランス軍を素材として検討してきたが、世界有数の女性比率を誇るこの軍隊でも同様に、組織としては「ミリタリスト差異あり平等派」のイデオロギーが強化される一方で、男女平等には無関心な「ミリタリスト実力至上主義者」が生まれるということが示唆された。したがって、男性を範型とし女性を劣位の存在とするジェンダー関係を維持しながら両性の力を利用するということは、ある国やある軍隊に特有の現象ではなく、軍隊が不可避的に持つ特質なのではないかと考えられるのである。

第Ⅱ部におけるここまでの分析では、軍隊それ自体の抜きがたい性質が、一般社会以上にジェンダーアンバランスの推進力になっているとの示唆を得た。第Ⅲ部では、市民運動における平和主義とフェミニズムの関わりを検討することで、両者の架橋のための一助としたい。

421）佐藤・前掲注17）312-316、321-322頁。

第Ⅲ部

フランスの市民運動における平和主義とフェミニズムとの接合

序章

「序」ですでに見たように、湾岸戦争期にアメリカで起こった女性の戦闘参加制限の解除要求を契機として、フェミニスト[422]の間で女性兵士論争が活発化した。軍隊や戦闘への女性の参加に賛成するフェミニストは、平和問題とジェンダー問題とは独立した問題であると考えて、男女平等や女性の自己決定権を主張していたのに対し、反対するフェミニストは、軍隊内男女平等要求はフェミニズムと相いれない、言い換えれば、平和主義はフェミニズムに内在するものであると考えていた。すなわち、この論争の根底には、平和主義とフェミニズムとの関係という問題があるのである。そしてこの問題が、憲法学、社会学、女性史研究の大家をして、「フェミニズムの『難問』」、「『フェミニズムとは何か』について論者の立場の試金石」、「フェミニズムとはなにかが問われる『フェミニズムの究極のテーマ』」などと言わしめてきたことも、「序」で見たとおりである。

女性兵士問題は様々な分野の研究者による数多くの論考を生んだが、そもそも女性の戦闘参加制限の解除は、アメリカ最大の女性組織であるNOWが求めたものであった。他方で、女性の平和運動[423]や平和主義フェミニズム運動[424]、それに協力する平和運動[425]などもある。このように、平和主義とフェミニズムとの関係は、市民運動においても見え隠れしてい

422）フェミニズム、フェミニストの概念は時代や論者によって異なるが、第Ⅲ部でもそれらを広義に捉え、女性の権利や地位の向上、男女平等を求める思想や運動をすべて含むこととする。フェミニズムは時代を経るごとに発展してきており、その過程も含めて一つの流れとして分析するためである。

423）例えば日本母親大会。同組織は、「生命を生みだす母親は 生命を育て 生命を守ることをのぞみます」をスローガンに平和運動を行っている。海外の有名な組織としては、アメリカのCODEPINKがある。

424）例えば新日本婦人の会。同会は、軍国主義復活阻止や平和の確立と、女性の権利や女性解放を目的としている（規約３条）。

425）例えば日本平和委員会。同委員会は、新日本婦人の会を友誼団体としている。

るため、市民運動の実態からこの問題を検討することは、両者の関係性の解明に向けた示唆を得ることにつながるのではないかと考えられる。

第Ⅲ部での検討の対象は、フランスにおける平和運動とフェミニズム運動である。フランスは、1790年5月22日のデクレにおいて、「フランス国民は、征服を行うことを目的とするいかなる戦争を企てることも放棄し、いかなる人民の自由に対してもその武力を決して行使しない」と定め、この規定は1791年憲法第6編の法文となった。深瀬忠一によれば、このような征服戦争放棄原則が実定憲法上宣言されたことは、18世紀末葉の国際社会においては全くの例外であった。このように、フランスは、世界の憲法史において最も早く戦争を制限し平和を確保しようとする憲法条項を有しており、それは、1848年憲法前文、1946年憲法前文にも引き継がれた[426]。他方、フランス憲法の平和主義は、自衛のための武力の保持・行使を排除しない武装平和主義であり[427]、同国が軍事大国であることは言を俟たない。また、第Ⅱ部第3章で見たように、近年では、軍隊への女性の参入も政府主導で積極的に推進され、フランス軍は、世界で最も女性比率の高い軍隊の一つとなっている。こうした国における市民運動の立ち位置から、平和主義とフェミニズムとの複雑な関係の一端が垣間見えるのではないかと考えられる。

第1章では、平和主義とフェミニズムの紐帯の萌芽から両者の関係性の研究に至るまでの20世紀の運動と研究を、第2章では、現代の平和運動とフェミニズム運動の重なりを、検討し、両者がどのような関係を築いてきたのか、そして両者が結びついているとすれば何によってなのかについて考察する。そうすることで、平和主義とフェミニズムの相互関係を解明する一助としたいと考えている。

426）深瀬忠一「フランス――征服戦争放棄と平和」法時51巻6号（1979年）44頁。他に、深瀬忠一「フランス革命における自由・平等・友愛と平和原則の成立と近代憲法的（今日的）意義」北大法学論集55巻4号（2004年）1頁以下参照。

427）第5共和制憲法の平和主義につき、村田尚紀『比較の眼でみる憲法』（北大路書房、2018年）108-110頁参照。

第1章
20世紀の市民運動における平和主義とフェミニズムの関係

第1節　黎明期

本節では、フランスにおける平和運動とフェミニズム運動の関わりの萌芽を探るため、20世紀前半の代表的なフェミニスト平和主義者であるMadeleine Vernetと、世界初の女性平和運動組織であるLigue Internationale des Femmes pour la Paix et la Liberté（LIFPL）[428)] のフランス支部を取り上げる。

Anna Norisは次のように説明する。第一次世界大戦開始後すぐに、フランスのフェミニストの大多数は、フェミニズムの要求とインターナショナリズムを一時中止し、神聖連合（Union Sacrée）[429)] の立場に与した。戦争初期には女性参政権の要求が強かったものの、女性参政権運動の中心人物であったMarguerite Durandが、「参政権が認められようとそうでなかろうと、市民たるにふさわしくあれ」と女性に呼び掛けるなど、フェミニストは次第に戦争に取り込まれていった。そして、様々なフェミニスト団体は、結集して戦争と国防を積極的に支援するように女性を慫慂することで、神聖連合に貢献した。

しかし、一部のフェミニストは、刑罰が科されるにもかかわらず、戦争に公然と反対し平和を訴え続けた。例えば、LIFPLフランス支部の創設者であるGabrielle Duchêneは、警察によって常に監視され、部屋をしば

428）日本にも支部があり、婦人国際平和自由連盟と称している。英語では、Women's International League for Peace and Freedom（WILPF）。

429）第一次世界大戦初期に成立した挙国一致体制。

しば捜索され、出版物を押収された。しかし、彼女たちにとって、戦争の根絶は、女性解放のための闘いと不可分であり、平和主義とフェミニズムは、同じ闘い、同じ理論の一部をなしていた。彼女たちからすれば、多くのフェミニストがナショナリズムの側に付いたことは、好戦論者やナショナリストの言説に騙され操られて、男性権力と暴力との間の紐帯の存在を理解できなかったためであると理解されたのである[430)]。

Madeleine Vernetは、こうした反戦平和主義フェミニストの一人である[431)]。Vernetは、1917年10月から、*La Mère Éducatrice : revue mensuelle d'éducation Populaire*（教育する母：月刊人民教育誌）[432)]と題する雑誌を発行し、その中で平和を訴えていた。

Vernetは次のように主張する。女性には、「命を与えるという神聖な任務」がある。「女性が女性のままでいて、何よりもまず母でいること、神聖で貴重な受託物としてその特質を守ること」が重要である[433)]。「女性は、……（中略）……戦争によって、あらゆる方法で打撃を受ける。男性が戦争の利益に目がくらむことがあるとしても、女性は、……（中略）……戦争ですべてを失うことを知っている」[434)]。

このように、Vernetは、母性を理由として女性と平和とを結びつけ、女性の銃後における戦争協力や女性が兵士になることについては、「女性の男性化」であるとして反対する[435)]。

430）以上、Anna Norris, « Le féminisme français à l'épreuve de la guerre. Madeleine Vernet : itinéraire d'une féministe pacifiste », *Cahiers de la Méditerranée*, N° 91, 2015, pp. 127–129.

431）Vernetは、自分は母の利益の擁護を主張しているのだからフェミニストであると自称している（Madeleine Vernet, « Avons-nous changé ? », *La Mère Éducatrice*, N° 12 en 1921, p. 107）。

432）Norrisによれば、同誌の刊行はVernetの死去（1949年）まで続いた（Norris, *supra* note 430）p. 130）。1939年までの号については、Gallica（https://gallica.bnf.fr）で閲覧できる。また、1919年10月号以降、副題は何度か変更されているようである。

433）Madeleine Vernet, « La Masculinisation de la Femme », *La Mère Éducatrice*, N° 7 en 1919, pp. 51–52.

434）Madeleine Vernet, « La Paix et les Femmes », *La Mère Éducatrice*, N° 8 - 9 en 1923, pp. 114–115.

第三共和制期には、このような個人の活動に加え、組織としての運動も行われていた。以下では、代表的な組織であるLIFPLの結成前夜から1980年代頃までの活動を簡単に素描する。

1896年、女性たちがパリに集まり、Ligue des Femmes pour le Désarmement Universel（国際軍縮のための女性連盟）が創設された。1900年には、この組織は、Alliance universelle des femmes pour la paix（平和のための国際女性同盟）という名称になった。同組織が1901年に発行した文書では、次のように述べられていた。「私たち女性は、戦争の最も不幸な被害者であり、この災禍と闘うために集まらなければならない。私たちの参加と意志は、この災禍を消滅させることができる。生きる権利を子どもたちのために主張するのは、生を授ける者である私たちの役割である」[436)]。

その後、1915年４月28日から５月１日まで、第一次世界大戦の中立国であるオランダのハーグで国際女性会議が開催され、欧米諸国が参加した。この会議では、女性たちが戦争を望んでいないことが確認され、世界平和の確立のための諸活動について決議がなされた。また、このような国際平和活動を今後も継続するために、Women's International Committee for Permanent Peace（恒久平和のための国際女性委員会）を設立することが決定された[437)]。戦争中であったため、フランスの女性は会議のために出国することが許可されなかったが、同年、Duchêneは同委員会のフランス支部を創設した[438)]。

ハーグでの会議に参加した女性たちは、1919年５月12日から17日まで、スイスのチューリッヒで第２回国際女性会議を開催し、LIFPLが結成された。ここでは、「戦争を不可能とする国際関係の樹立と男女平等社会の

435）Vernet, *supra* note 433), pp. 50-51.

436）Yvonne Sée, *Réaliser l'Espérance*, LIFPL-Section française, 1984, p. 5.

437）杉森長子『アメリカの女性平和運動史――1889年～1931年』（ドメス出版、1996年）182-184頁。

438）Sée, *supra* note 436), p. 6.

建設」が目標とされ、「平和主義とフェミニズムの融合」が、基本理念として合意された[439]。戦争は終わっていたため、フランスからも何人かの女性が参加した[440]。

以後、LIFPL フランス支部は、例えば第二次世界大戦前には、戦時の女性の動員についての「勅令（édit）」の拒否（1929年）[441]や、ファシズム反対（1933年）[442]、軍縮（1935年）[443]などを訴えていた。平和運動のみならず、女性の地位向上のための運動も行っており、例えば1934年にチューリッヒで行われた会議では、平等やあらゆる差別の解消に向けた社会変革が中心に取り扱われた[444]。

第二次世界大戦後もフランス支部の活動は続いた。例えば、1946年には女性参政権の獲得を祝い[445]、1950年代にはアルジェリア独立を要求し[446]、1960年代には、アパルトヘイトに関する決議のフランスの未批准や太平洋におけるフランスの核基地の創設に抗議し[447]、1970年代には欧州人権条約の批准をフランス政府に求めた[448]。そして、国際婦人年である1975年には、女性団体の連合プラットフォームに参加し、LIFPL の代表である Yvonne Sée は、「女性、平和、軍縮」についての委員会の報告者に任命された[449]。1980年代には特に運動が活発化し、国内外で様々な活動が行われた[450]。

前述したように、LIFPL は、世界初の女性平和団体であり、平和主義

439）杉森・前掲注437）189-190頁。
440）Sée, *supra* note 436), p. 7.
441）Sée, *supra* note 436), p. 17.「édit」という用語は、アンシャンレジーム下の勅令を指すものであり、どのような趣旨でこの言葉が使われているのかは判然としない。
442）Sée, *supra* note 436), p. 21.
443）Sée, *supra* note 436), p. 24.
444）Sée, *supra* note 436), p. 23.
445）Sée, *supra* note 436), p. 28.
446）Sée, *supra* note 436), p. 37.
447）Sée, *supra* note 436), p. 44.
448）Sée, *supra* note 436), p. 54.
449）Sée, *supra* note 436), p. 56.

とフェミニズムの融合を基本理念としていた。したがって、LIFPL は、平和主義とフェミニズムをつなぐ運動の端緒であるともいえよう。しかし、LIFPL フランス支部のこれまでの活動を見る限り、平和と男女平等や女性の権利をいずれも要求するにとどまり、両者の関係性については特に追究していないようである。ただ、フランス支部のメンバーで、後に代表にもなる Claude Richard-Molard は、「私たち女性は命を生産するので、武器を欲しない」のだと述べており[451)]、女性を「産む性」に還元することにより、女性の平和要求を必然的なものとしていることが窺える。

以上のように、第一次世界大戦開戦後には、フランスの主流派フェミニズムは、戦争への女性の動員に加担し、女性参政権のような基本的要求さえ後景に退いた。しかし、その一方で行われていた女性の平和運動では、男女平等も要求され、平和主義とフェミニズムとが結びつけられていた。そして、その結びつきは、代表的な論者の言説としても、運動団体としても、母性から平和を導くということに特徴があった。

第２節　「フェミニズムと平和主義」国際会議

1984年11月24日、パリで、「フェミニズムと平和主義」をテーマとする国際会議が開催された。主催は、Résistance Internationale des Femmes à la Guerre（戦争に対する国際女性レジスタンス、1980年創設）、LIFPL のフランス支部、Femmes pour la Paix（平和を求める女性、1977年創設）のフランス支部である[452)]。以下、同会議の概要を瞥見する。

450）Sée, *supra* note 436), pp. 59-69. 現在の規約によれば、フランス支部は、以下の３つの目的を持つ。１つめに、異なる政治的・哲学的信念を持ちながらも、戦争の原因とそれを合法化させる仕組みをなくすことを研究し周知させそれに貢献することを決意して寄り集まった女性を結集すること。２つめに、平和構築のために働くこと。３つめに、社会的及び政治的平等と経済的正義を促進すること（LIFPL-Section française, https://wilpfrance.wordpress.com/ag/statuts/（Consulté le 3 mai 2024））。

451）Sée, *supra* note 436), p. 63. 1981年10月29日の発言。

この会議は、次のような考えの下に開催された。「フェミニストは、その熟考と要求の中に必ずしも平和を含めてはおらず、一定の権利を主張し獲得したが、平和への権利という基本的権利については忘れてしまったかのようである。反対に、平和主義者は、フェミニズム的熟考によって充実するほうがよい。フェミニズムと平和主義の間の結びつきは明白ではなく、この会議を組織したのは、それを明らかにするため、そして、平和主義者でなくしてフェミニストであることはできず、フェミニストでなくして平和主義者であることはできないのだと示すためである」[453]。

この会議には、Simone de Beauvoir もメッセージを寄せ、「心からの完全な連帯」を表明し、「私たちのあらゆる闘い、要求、希望は、平和を第一条件とする」としている。そして、当時の社会党政権がフランスの軍縮を政策に加えなかったことについて遺憾の意を示し、フランス人に幸福や安全をもたらさないにもかかわらず戦争準備に巨額の資源をつぎ込むことを、「恐ろしい無駄」であると述べている[454]。

この会議では、フランスの研究者や活動家による様々な報告が行われた。生物学者である Odette Thibault や Danielle Le Bricquir は、戦争は人間の宿命ではなく[455]、少年には戦争をすることが、少女にはそれを認めることが教えられるのだと主張し、歴史学者である Daniel Armogathe や Rita Thalmann は、フェミニズムが一時期ナチスに協力し利用されたという歴史などを踏まえて、フェミニズムはナショナリストであってはならず、フェミニズムの中でインターナショナリズムの概念を促進すべきだとした。また、ドイツ、ベルギー、スペイン、アメリカ、イギリス、イタリア、日本の女性たちが、それぞれの国において行われているフェミニズム運動と

452）Danielle Le Bricquir et Odette Thibault, *Féminisme et Pacifisme : Même Combat*, Les Lettres Livres, 1985, pp. 11-21.

453）Le Bricquir et Thibault, *supra* note 452), p. 11.

454）Le Bricquir et Thibault, *supra* note 452), p. 7.

455）このことは、1986年の暴力についてのセビリア声明でも確認されている。デービッド・アダムズ編集・解説＝中川作一訳・杉田明宏・伊藤武彦編集『暴力についてのセビリア声明――戦争は人間の本能か』（平和文化、1996年）参照。

平和運動について報告した[456]。

以上のように、この会議では、「フェミニズムと平和主義の結びつき」を明らかにすることが目的とされていた。しかし、主催者挨拶において、女性は命を守り世話し愛し尊重することができるので、女性の政治参加を促進すれば軍拡を阻むことになるという認識が示された[457]ことに象徴されるように、主催者の考えにおける「フェミニズムと平和主義の結びつき」は、母性的なものにとどまっていたようである。また、各報告においても、両者の関係性それ自体を母性主義的思考から離れて扱う議論は十分ではなかったように思われる[458]。

この点について、フランスの社会学者であり、会議に参加したAndrée Michelは、「フェミニズムと平和主義との間の紐帯の問題を理論的に取り扱う報告はあまりなかった」として、同会議における議論の不十分さを指摘する[459]。そして、その解明の必要性から、同会議後も研究を続けているため、次節ではそれについて述べる。

第3節　Andrée Michelの見解

社会学者であるJules Falquetによれば、Andrée Michel（1920-2022）は、「フランスのミリタリズムと核について直接的に研究した極めて珍しいフ

456）Le Bricquir et Thibault, *supra* note 452), p. 9 ; Andrée Michel, « Colloque International « FÉMINISME ET PACIFISME », Paris, le 24 novembre 1984, Maison des Ingénieurs Arts et Métiers. », *Nouvelles Questions Féministes*, N° 9 /10, 1985, p. 164.

457）Le Bricquir et Thibault, *supra* note 452), pp. 13-21.

458）母性によって女性と平和を結びつける考え方（佐藤文香の分類によれば「アンチミリタリスト差異あり平等派」（佐藤・前掲注17）65-68頁））の危うさと非現実性については、「序」ですでに触れた。

459）Michel, *supra* note 456), p. 166. Michelは、その理由について、家父長制が、市民社会の制度・規範・実践の暴力だけでなく、現代社会のあらゆる方面での軍事化によって生み出された暴力をも利用することは、大部分の発言者にとって明白に思われたからであるとしている。

ランス人フェミニスト大学人」[460]であり、フランスで平和主義とフェミニズムとの関係を研究しているのは彼女のみのようである。Falquet は彼女を次のように紹介する。Michel は、1950年代には、反植民地主義の立場から、アルジェリア人労働者の居住条件や労働条件を研究し告発しており、1960年〜1970年代には、家族、女性と労働を研究する社会学者のパイオニアの一人であった。しかし、1980年代に、核軍産複合体（complexe nucléaro-militaro-industriel）を扱うフランスでは極めて珍しい研究者となり、1990年代には、戦争とミリタリズム反対に乗り出した[461]。Falquet によれば、女性と平和主義の議論は、自然主義（naturalisme）と混同されがちであるが、Michel の議論は、戦争反対にとどまらず、軍事費、武器売買、軍事介入といった平時の政策も扱うことに特徴がある[462]。

Michel は、その著書である *Féminisme et Antimilitarisme*（フェミニズムとアンチミリタリズム）において、平和主義とフェミニズムとの関係についての考察を行っている。中でも、« Politique pacifiste, politique féministe »（平和主義の政治、フェミニズムの政治）と題された論稿では、「なぜフェミニストは平和主義者になるしかないのか」、「なぜ平和主義者はフェミニストになるしかないのか」を論証しようとしている。以下では、同書における Michel の主張を概観する。

Michel は、フェミニストと平和主義者の定義と両者の関係について、次のように述べる。「フェミニストであることは、……（中略）……家父長制とその価値を拒むことを主張する女性と男性の自発的な態度である。家父長制は、自由・平等・尊厳への女性の熱望を否定するために援用されるからである。平和主義者であることは、……（中略）……社会の軍事化

460）Jules Falquet, « avant-propos », Andrée Michel, *Féminisme et Antimilitarisme*, Éditions iXe, 2012, p. 17.

461）Falquet, *supra* note 460), pp. 9-10.

462）Falquet, *supra* note 460), pp. 20-21. Falquet が自然主義として提示しているのは、「女性は、何よりもまず母であり命に近いので平和を愛し、暴行や戦時性暴力の直接的な被害者として、泣き濡れた母や寡婦として、当然に戦争に反対する」との主張である。

を拒み、市民を受動的な羊の群れにしてしまうことを拒む自発性である。この羊の群れは、軍事部門や政治部門の長によって、定期的に戦場に明日には核の犠牲にと導かれることを甘受してしまうのである」。「すべてのフェミニストが平和主義者であるわけではなく、すべての平和主義者がフェミニストであるわけではない。しかし、フェミニズムはアンチミリタリズムの立場にまで手を伸ばすべきであり、女性の自由と解放の賛同者でなければ平和主義者ということはできないだろう」[463]。

(1)　平和主義者がフェミニストでなければならない理由

Michel によれば、平和主義者とは、「暴力と力による紛争解決に反対する」人である。そして、フェミニストは、「女性に対する男性の暴力を生ぜしめる家父長制」を告発し、「女性に対する暴力を対話、交渉、公正要求に置き換えることを目指す」。したがって、平和主義者は、フェミニストでもあるはずである[464]。

Michel は、軍人社会（société militaire）と非軍人社会（société civile）とが、同じ家父長制の２つの側面として機能することから、両者の連続性を主張する。軍人社会では、「女性の人格を否定し、男性のための快楽の道具とみなす暴力的文化」である「ピンナップ文化」が「称揚（glorifier）」される。そして、非軍人社会が軍隊を正当化するとき、２つの社会は「緊密に連結し相互に強固になる」ため、この文化は非軍人社会にもはびこる。その結果、DV（ドメスティック・バイオレンス）、強姦や殺害、売春斡旋業者による搾取と国家によるその容認、ポルノグラフィ、セクハラ、あらゆる差別、女性蔑視的表現など、女性に対する様々な暴力が行われるようになる[465]。

例えば、ポルノグラフィは、「軍人の部屋の中で常に栄えた」ものであ

463）Michel, *supra* note 460), pp. 143-144.

464）Michel, *supra* note 460), pp. 148-149.

465）Michel, *supra* note 460), pp. 149-150. Michel は、「暴力」を直接的なものに限定していない。また、現在のフランスでは売春斡旋や買春は処罰の対象とされている。

り、「今では非軍人社会にも満ちている戦争の文化」である[466]。そのような、「軍人の部屋の文化をすべての社会に広げること」、「文化の軍事化(militarisation de la culture)」によって、家父長制が強化される。また、ポルノグラフィは「強姦のプロパガンダ」であるため、非軍人社会において性暴力が増加し、女性の身を危険に晒す[467]。

このように、Michelは、非軍人社会が軍隊を正当化することにより、軍隊に内在するミソジニーが非軍人社会に流出し、非軍人社会における女性に対する暴力が深刻化すると考えている。そして、このような暴力の連続性から、平和主義者であるならば平時に非軍人社会で女性が受ける暴力にも対抗すべきだと主張する[468]。

(2)　フェミニストが平和主義者でなければならない理由

Michelは、戦争や軍隊が女性に害をなすことから、フェミニストが平和主義者でなければならないと主張する。Michelは、戦時の被害と、平

---

466) Michel, *supra* note 460), p. 133. これは、同書所収の « Militarisation et politique du genre »（軍事化とジェンダーの政治）における記述である。同論稿においては、「ピンナップ文化」は、「軍産システムによる軍事化の潜在的機能」とされている。「軍産システム」とは、軍隊や軍需産業のほか、「軍産の圧力団体の利益を守る高級官僚や政治家やジャーナリスト」、「国防のために働く……（中略）……科学者」、「武器市場の勢いを増大させる銀行家」といった構成要素によって成り立つ「官僚—科学—軍事—産業—銀行」によって作り出される社会システムのことである。社会全体を軍事化する「軍産システム」が、経済的、政治的、文化的に機能することで、男性による女性支配が生じるのである（p. 116）。「軍産システム」については、同書所収の « Le complexe militaro-industriel et les violences à l'égard des femmes »（軍産複合体と女性に対する暴力）の中でも詳しく展開している。

467) Michel, *supra* note 460), pp. 93-94. ポルノグラフィが「強姦のプロパガンダ」であるとの評価に関連して、例えばRobin Morganは、「ポルノは理論、レイプは実践」と述べている（Robin Morgan, "Theory and Practice: Pornography and Rape", ed. Laura Lederer, *Take Back the Night: Women on Pornography*, William Morrow and Company, 1980, p. 134）。

468) 森田成也も、戦時における女性に対する暴力（戦時性暴力と日本軍「慰安婦」問題）と、平時における女性に対する暴力（DV、レイプ、売買春、ポルノ）との連続性を論証している（森田成也『マルクス主義、フェミニズム、セックスワーク論——搾取と暴力に抗うために』（慶應義塾大学出版会、2021年）105-131頁）。

時の軍拡の被害の双方について言及している。

Michelによれば、「戦争中や軍事介入中には、女性は快楽とサディズムの道具にされ」、「強制売春や強姦……（中略）……が黙認される」[469]。例えば、マンタ作戦の際、チャドの首都である「ンジャメナは巨大な快楽の家になり、マンタ作戦の3000人の男性が、休憩時間に波のように訪れた」。「女性農民は、軍事作戦によって田舎から追い出され、生き延びるために、フランス軍人のための快楽の道具になることを強いられた」[470]。フランス軍人が、「エイズを恐れるあまり、大人の女性よりも小さな少女の方を望んでいた」ため、「一二歳の少女にまで及ぶ子どもの買春が増加」したことも報告されている。フランスの軍事基地の存在は、「女性に対する暴力と恥知らずな搾取の発生源である」[471]。このように、「戦時には、強姦や買春のような、女性に対する暴力が当然視される」[472]。

また、女性は、平時に軍拡の被害を受ける。Michelによれば、民間産業は軍需産業よりも同じ金額で多くの雇用を創出できるため、軍需産業に向けられる予算の割合が高いと、総雇用数が減少する。このような雇用の不足は、女性に対して相対的に大きな影響を及ぼす。軍事予算の据置きや増大のために削減されるのは、大多数の女性が働いている保健衛生部門と教育部門の予算だからである[473]。

このように、Michelは、軍隊と市民社会における暴力の連続性と女性

469）Michel, *supra* note 460), p. 65.

470）Michel, *supra* note 460), pp. 67-68. このマンタ作戦（1983年から1984年にかけて行われたチャドへのフランスの軍事介入）について、Michelは、1984年９月30日付の*Le Journal du Dimanche*の記事から引用している。

471）アンドレ・ミシェル（杉藤雅子訳）「過剰軍備と女性への暴力」ミシェル・デイラス監修（日仏女性資料センター翻訳グループ訳）『女性と暴力──世界の女たちは告発する』（未来社、2000年）（Andrée Michel, « Surarmement et violences à l'égard des femmes », Sous la direction de Michèle Dayras, *Femmes et Violences dans le monde*, Éditions L'Harmattan, 1995）25-26頁。

472）Michel, *supra* note 460), p. 146.

473）ミシェル・前掲注471）20頁。

の被害を根拠として、平和主義とフェミニズムとが一体であると説く。そして、「平和主義者の闘いがフェミニストの闘いを補完し、フェミニストの闘いが平和主義者の闘いを補完する」と結論づけ[474]、国連憲章や世界人権宣言の共通の土台として非暴力を強調する[475]。以上を踏まえると、Michelの主張においては、平和主義とフェミニズムとの結節点は、非暴力にあるように思われる。

第4節　小括

平和と男女平等および女性の権利の双方を求める運動は、20世紀に入る直前からその萌芽がすでにあり、1900年代初頭に活発化した。彼女たちの平和要求の根拠は「産む性」であり、母性に依拠した平和運動であった。この時期の運動においては、非暴力は必ずしも志向されていなかったことも付言しておく[476]。

1984年には、「フェミニズムと平和主義」をテーマとして、両者の関係性を解明することを目的とした国際会議が開催された。その目的が十分には達成されなかったとはいえ、女性兵士論争によって両者の関係性が鋭く問われた1990年代以前にこのような会議があったということは、特筆すべきことであろう。

また、平和主義とフェミニズムとの関係を追求したAndrée Michelは、平和主義者を、暴力による問題解決に反対する人として、フェミニストを、女性に対する暴力を告発する人として考え、軍人社会の暴力と非軍人社会の暴力が連続していること、いずれの局面においても女性が暴力の被害を相対的に多く受けることから、平和主義者はフェミニストでなければなら

474）Michel, *supra* note 460), p. 152.
475）Michel, *supra* note 460), pp. 173–174.
476）1934年にチューリッヒで行われたLIFPLの会議では、あらゆる暴力に反対すべきか、ほかにどんな手段もないときには力に訴えることを認めるべきか、ということをめぐって対立が生じ、フランス支部は後者に与したという（Sée, *supra* note 436), p. 23)。

ず、フェミニストは平和主義者でなければならないとの結論に至る。Michel は、平和主義とフェミニズムとのつながりを非暴力に見出しているといえよう。

本章では、フランスにおいて、平和主義とフェミニズムが女性の２つの要求として現れ、両者が母性によってしか結ばれていなかった黎明期から、両者の関係性についての問題意識が生じ、非暴力による接合が見いだされるようになるまでを見てきた。次章では、現代の市民運動の平和問題とジェンダー問題への取り組みから、両者の関係性についてさらに検討する。

第２章

現代の平和運動とフェミニズム運動の接合

フランスの平和活動家でジャーナリストのArielle Denisによれば、「冷戦終結は、平和主義の新時代の端緒となった」。冷戦後、平和運動の中では、「地域的・国家的・世界的な『共生』の促進と、安全保障を脅かす要因」に対する関心が広がり、「差し迫った戦争への一時的な反対では不十分で、いたるところにすべての人にとっての平和を構築することが重要であるとの認識」が支配的になってきた。また、「レイシズムやセクシズムなどあらゆる形態の差別との闘いが平和にも貢献する」という認識も生まれた[477)]。

本章では、現代の平和運動とフェミニズム運動について、代表的な運動団体を一つずつ取り上げてその見解を瞥見したうえで、多くの平和運動団体やフェミニスト団体が共同で作成した『平和白書』について、その内容を分析する。

第１節　平和と女性についての市民運動の認識

(1)　平和運動の認識

フランスでは、現在も多くの平和運動団体が活動している。ここでは、フランス最大の平和運動団体で、多くのフェミニスト団体と連携してジェンダー問題にも取り組んでいるMouvement de la Paix（平和運動）を取り上げる。

Mouvement de la Paixは、1948年に創設され、「青少年及び国民教育の

477）Arielle Denis, *Mondialiser la paix*, La Dispute, 2000, pp. 256-257, 262.

全国団体」として登録されたNGOである。フランス全土に約150の委員会を持ち、国際的な平和運動団体とも連携している。組織の方針は、平和の文化の促進と平和の文化のための教育、国連憲章に対する支持と安全保障の多国間組織の発展、停戦と平和的な紛争解決、軍縮と核廃絶、軍事費削減と軍需産業の再転換、国際関係の非軍事化と安全保障の促進、平和のグローバル化と新しい世界の現出であり[478]、「国連憲章の精神において、平和と国内・国際安全保障の構築に寄与することを望むすべての人々をフランスで結びつけること」を目的とする[479]。

Mouvement de la Paixが出している声明などからは、人権問題やジェンダー問題についての考え方も窺える。

2021年５月16日の平和に共存する国際デーに発表した共同宣言では、「(とりわけ軍事的な) 力に基づく安全保障を、人権の実現に基づく集団安全保障に置き換えなければならない」と主張している[480]。「社会的権利と人間の安全保障は相伴う」と題された2018年のプレスリリースでは、公役務の縮小と軍備増強に反対し、軍事費を「社会的な必要性と公役務に振り替える」ことを要求している[481]。2018年の世界人権デーの宣言では、軍拡競争、武器売買、戦争のみならず、発展の不平等、不公正、貧困をも問題視しており、人権の充足や、社会的格差と差別の根絶に財源を振り向けるべきであるとしている[482]。2013年の世界人権デーに出された文書では、

478）Mouvement de la Paix WEBサイト、https://www.mvtpaix.org/wordpress/lemouvementdelapaix/（Consulté le 3 mai 2024).

479）Mouvement de la Paix規約（https://www.mvtpaix.org/wordpress/wp-content/uploads/2021/10/Statuts-Mouvement-de-la-Paix.pdf（Consulté le 3 mai 2024))。

480）Mouvement de la Paix WEBサイト、https://www.mvtpaix.org/wordpress/vivre-ensemble-en-paix-et-realiser-les-droits-humains/（Consulté le 3 mai 2024).

481）Mouvement de la Paix WEBサイト、https://www.mvtpaix.org/wordpress/droits-sociaux-et-securite-humaine-vont-de-pair/（Consulté le 3 mai 2024).

482）Mouvement de la Paix WEBサイト、https://www.mvtpaix.org/wordpress/la-realisation-des-droits-humains-une-des-conditions-pour-un-monde-de-justice-et-de-paix/（Consulté le 3 mai 2024).

平和への権利が、「その他の権利に到達するための不可欠の条件」として位置づけられ、法文に書き込むことが主張されている[483)]。

同団体は、平和運動団体でありながら、国際女性デーや女性に対する暴力撤廃の国際デーにも毎年のごとく声明を発表しており、戦争や武力の行使が女性にもたらす被害を指摘している。例えば、2019年の国際女性デーに向けて出された声明は、女性が、「あらゆる形態の暴力の最初の被害者で、避難し亡命する人々の多数派を構成」し、「戦争の武器としての強姦」の標的とされているとする[484)]。このような声明の中では、女性の戦争被害にとどまらず、女性に対する暴力一般についても取り上げられている。例えば、2019年の女性に対する暴力撤廃の国際キャンペーンの際に出されたプレスリリースは、DV や児童婚、FGM（女子割礼）などにも言及し、女性がこのような暴力を免れないうちは、平和な世界は実現しないと主張している[485)]。2018年の女性に対する暴力撤廃の国際デーのために出された声明は、「暴力との闘いが第一の優先事項であるならば、男女平等の完全で全面的な実現は、……（中略）……平和の構築のための主要な目標として定められる」と宣言している[486)]。そして、前述の国際女性デー

483）Mouvement de la Paix WEBサイト、https://www.mvtpaix.org/wordpress/journeedroitshomme-2013/（Consulté le 3 mai 2024).

484）Mouvement de la Paix WEBサイト、https://www.mvtpaix.org/wordpress/en-ce-8-mars-2019-le-mouvement-de-la-paix-sassocie-aux-luttes-des-femmes-oeuvrant-pour-leurs-droits/（Consulté le 3 mai 2024). ここでいう「戦争の武器としての強姦」とは、戦時性暴力の目的や効果として共同体全体に打撃を与えるというものがあるということであり、同様の表現は、Femmes Solidaires（本節(2)で詳述）の文書の中にも頻繁に登場する（例えば、https://femmes-solidaires.org/contre-les-viols-par-larmee-djiboutienne-et-limpunite-greve-de-la-faim-de-10-femmes-djiboutiennes/（Consulté le 3 mai 2024)）。

485）Mouvement de la Paix WEB サイト、https://www.mvtpaix.org/wordpress/le-mouvement-de-la-paix-appelle-a-developper-la-campagne-mondiale-pour-lelimination-de-la-violence-a-legard-des-femmes/（Consulté le 3 mai 2024).

486）Mouvement de la Paix WEB サイト、https://www.mvtpaix.org/wordpress/24-et-25-novembre-2018-le-mouvement-de-la-paix-appelle-a-contribuer-au-succes-de-la-journee-internationale-pour-lelimination-des-violences-a-legard-des-femmes/（Consulté le 3 mai 2024).

の声明では、同団体がフェミニズム運動に参加する理由について、「男女平等なしに平和の構築はでき」ず、「あらゆる暴力と闘い、女性の権利を擁護・向上させるため」であると説明している[487)]。

(2)　フェミニズム運動の認識

フランスでは、数多くのフェミニスト団体が活動しており、その中には、平和運動に取り組んでいるものもある。前章で述べたLIFPLのほかにも、Femmes Solidaires（女性の連帯）、Forum Femmes Méditerranée（地中海女性フォーラム）、Initiative Féministe EuroMed（ヨーロッパ地中海のフェミニストイニシアティブ）、Marche Mondiale des Femmes（女性の世界行進）といった団体がある。ここでは、現在も活発に活動しているFemmes Solidairesを取り上げる。

Femmes Solidairesは、1945年に創設されたNGOで、フランスと海外県・海外領土に190の地方組織がある[488)]。Femmes Solidaires憲章の中では、非宗教性、男女混合、女性の権利平等、平和、連帯という基本的価値を守ることが定められ、世界中で軍縮に乗り出すことも規定されている[489)]。

Femmes Solidairesは、2019年の女性に対する暴力撤廃の国際デーの際に、ジェンダーに基づく暴力に反対する共同声明に署名しており、その中で、レイプ、DV、フェミサイド、買春とその斡旋といった、「女性に対するあらゆる暴力」への反対を表明している[490)]。国際平和デーに際しての2020年のプレスリリースでも、平和な世界のためには女性に対する暴力と

487）Mouvement de la Paix WEBサイト、*supra* note 484）.

488）Femmes Solidaires WEBサイト、https://femmes-solidaires.org/femmes-solidaires/（Consulté le 3 mai 2024）.

489）Femmes Solidaires WEBサイト、https://femmes-solidaires.org/nos-valeurs/（Consulté le 3 mai 2024）.

490）Femmes Solidaires WEBサイト、https://femmes-solidaires.org/le-23-novembre-nous-marcherons-contre-toutes-les-violences-sexistes-et-sexuelles/（Consulté le 3 mai 2024）.

闘う必要があると述べている[491)]。

また、Femmes Solidaires は、女性の貧困問題も暴力に含め、対処の必要性を述べている[492)]。「貧困は女性に対してなされる暴力である」と題された2019年の文書では、国家が公役務を縮減していることを批判し、女性のパートタイム労働者比率や失業率の高さから、女性がとりわけ不安定な地位にあるとして、次のように主張している。「男女不平等を是正するための最良の方法」は、「その原因に取り組むことであり、最初に女性に影響を及ぼす不安定さや社会的排除といった状況を効果的かつ持続的に防ぐために、しかるべき水準の報酬、年金、社会給付をすべての人に保障することが重要である」[493)]。

そして、Femmes Solidaires は、フェミニスト団体でありながら、戦争や武力の行使に関して声明を発表している。パレスチナ民間人に対するイスラエルの攻撃の停止とパレスチナ自治政府の代表との交渉の再開を求めた2009年のプレスリリースにおいては、「平和は暴力ではなく対話から生まれる」と主張している[494)]。また、ロシアのウクライナ侵略を受けて出

491）Femmes Solidaires WEBサイト、https://femmes-solidaires.org/events/internet-ensemble-cultivons-la-paix-visio-conference-sur-les-violences-faites-aux-femmes/（Consulté le 3 mai 2024).

492）貧困を暴力に含めるこのような発想は、ヨハン・ガルトゥングが提唱した構造的暴力の概念を踏まえたものと考えられる。ガルトゥングは、社会的・政治的・経済的な構造の中に組み込まれた暴力を構造的暴力として位置づけ、暴力の概念を拡張した（ヨハン・ガルトゥング（奥本京子訳）「平和学とは何か」ヨハン・ガルトゥング・藤田明史編著『ガルトゥング平和学入門』（法律文化社、2003年）53頁）。例えば、一つの社会において、期待寿命が上層階級では下層階級の2倍であるときには、暴力が行使されているということになる。その背景には、医療サービスの不平等分配という構造があるからである。あるいはまた、女性という集団が無知の状態に置かれるときにも、構造的暴力がある。男性支配構造の下で教育が不平等に分配された結果だからである（ヨハン・ガルトゥング（藤田明史編訳）『ガルトゥング平和学の基礎』（法律文化社、2019年）12-14頁）。

493）Femmes Solidaires WEBサイト、https://femmes-solidaires.org/gilets-jaunes-feministes-militantes-la-precarite-est-une-violence-faite-aux-femmes-2/（Consulté le 3 mai 2024).

494）Femmes Solidaires WEBサイト、https://femmes-solidaires.org/nos-voix-de-femmes-pour-la-paix-2/（Consulté le 3 mai 2024).

された2022年のプレスリリースでも、「議論だけが平和をもたらすことができ、武器は武器しか呼び寄せない」としている。そのうえで、「NATOの解体と、軍事兵器の購入と保有ではなく外交と対話に基づく別の平和維持組織の創設のための国際的な議論の開始」を求めている。「軍事的装備が、戦争を防いだり、民間人の安全を保障したりしたことは一度もない」からである[495]。こうした認識の背景には、戦争や軍隊が女性にもたらす被害の深刻さがあり、例えばジブチ軍による性暴力を糾弾している[496]。

第２節　『平和白書』

2016年、Mouvement de la Paixの提案により、約30のフランスの市民運動団体が、*Livre Blanc pour la Paix : pour une culture de la paix et de la non-violence*（平和白書：平和と非暴力の文化のために）の編纂を開始し、2018年には、核兵器禁止条約や最新の軍事計画法律を踏まえた新版が発行された[497]。以下は、この新版に基づいて述べる。

『平和白書』の巻頭言は、次のように宣言する。同書は、「真の安全保障の条件についての議論に貢献する」ものである。「好戦的政策を告発するだけでなく、……（中略）……武器も戦争もない世界の現出のための代案を構築することにも、積極的に貢献する。……（中略）……軍事費の漸進的削減と、全世界における人権の実現を通じた平和構築手段の増加によって、平和主義的変化を作ることができる」[498]。

495）Femmes Solidaires WEBサイト、https://femmes-solidaires.org/guerre-en-ukraine-femmes-solidaires-pour-un-nouvel-appel-de-stockholm/（Consulté le 3 mai 2024).

496）Femmes Solidaires WEBサイト、https://femmes-solidaires.org/10-femmes-djiboutiennes-entament-une-greve-de-la-faim-en-belgique-contre-les-viols-par-larmee-djiboutienne-et-limpunite/（Consulté le 3 mai 2024).

497）Mouvement de la Paix WEBサイト、https://www.mvtpaix.org/wordpress/le-livre-blanc-pour-la-paix-un-ouvrage-collectif/（Consulté le 3 mai 2024).

498）*Livre Blanc pour la Paix : pour une culture de la paix et de la non-violence*, 2018, p. 5.

『平和白書』の編纂団体には、平和運動団体（Mouvement de la Paix、Bureau international de la paix（国際平和ビューロー））、フェミニスト団体（Femmes Solidaires、Initiative Féministe EuroMed、Association « les femmes s'inventent »（アソシアシオン「女性は考え付く」））、反人種差別団体（Mouvement contre la racisme et pour l'amitié entre les peuples（レイシズムに反対し民族間の友愛に賛成する運動））などが含まれている[499]。

本節では、『平和白書』の平和、人権、ジェンダー問題に関する記述から、『平和白書』における平和主義とフェミニズムの関係性を探る。

(1)　NATOに代わる安全保障

まず、安全保障をめぐる基本的な考え方を概観する。『平和白書』は、軍事的な安全保障ではなく人間の安全保障[500]で平和を実現することを構想しており、NATOからのフランスの脱退とNATOの解体を求めて、次のように主張している。

NATOは、「法に対して力を優先させることで国連憲章の基本原理を危険に晒すため、平和にとって特に否定的な役割を果たす」[501]。NATOは、国家予算の最低2％を軍事費に割り当てることを加盟国に要求し、その下でフランスの軍拡も進んだ。そして、「NATOへの全面的統合は、フランスを、東欧やロシアの人々から遠ざけた」[502]。また、「NATOの軍事的で攻撃的な性質は、国連憲章や国際法と矛盾する」ものであり、NATOは実際、国連を無視してアフガニスタンやイラクに侵攻した。「加盟国でロ

499）*Livre Blanc pour la Paix, supra* note 498), p. 232.

500）人間の安全保障とは、国連開発計画が1994年の報告書において初めて提唱したもので、人間の安全保障委員会によれば、「人間の生にとってかけがえのない中核部分を守り、すべての人の自由と可能性を実現すること」、すなわち、「人が生きていく上でなくてはならない基本的自由を擁護し、広範かつ深刻な脅威や状況から人間を守ること」である（人間の安全保障委員会『安全保障の今日的課題　人間の安全保障委員会報告書』（朝日新聞社、2003年）11頁）。

501）*Livre Blanc pour la Paix, supra* note 498), p. 13.

502）*Livre Blanc pour la Paix, supra* note 498), pp. 61-62.

シアを組織的に包囲しようというNATOの意向は、緊張を作り出し、軍事費増額の原因にもなっている」。「連帯を通じた軍縮、民族間の平等、国際法の尊重、平和、正義のために行動しようというのであれば、フランスはNATOから脱退しなければならない」[503]。

『平和白書』は、ヨーロッパでの共同の安全保障システム[504]を展望しており、OSCE（欧州安全保障協力機構）の役割を強調している。OSCEは、北米、欧州、中央アジアの57か国が加盟する世界最大の地域安全保障機構であり、ロシアと東欧も加盟している点で、NATOとは大きく異なる。また、経済、環境、人権・人道分野における問題も安全保障を脅かす要因になるとの考えから、安全保障を包括的に捉えて活動している。平和維持活動等に派遣する実力部隊・実行手段は有していない[505]。

『平和白書』は、OSCEについて次のように提言している。OSCEは、「NATOによって道具として扱われ続けるのではなく、……（中略）……ヨーロッパでの集団的・相互的な安全保障原則と、ヘルシンキ宣言[506]によって与えられた役割に立ち戻るべき」である[507]。「ヨーロッパでの共同

503）*Livre Blanc pour la Paix, supra* note 498), p. 66. 訳出に当たって、前半の列挙の順序を変えた。

504）この構想は、Karl Deutschが提唱した概念である安全保障共同体を踏まえたものと考えられる。安全保障共同体とは、君島東彦によれば、地域内のすべての国家をメンバーとして、(1)その地域内において武力不行使の規範が確立していて軍拡競争・戦争準備がなく、(2)紛争の平和的解決の制度があり、(3)地域としてのアイデンティティがあることを特徴とする（君島東彦「平和――安保法制違憲訴訟と憲法平和主義の再構築」市川正人・倉田玲・小松浩編著『憲法問題のソリューション』（日本評論社、2021年）154頁）。

505）外務省WEBサイト、https://www.mofa.go.jp/mofaj/files/100156905.pdf（2024年5月3日閲覧）。

506）ヘルシンキ宣言とは、1975年、OSCEの前身であるCSCE（全欧安全保障協力会議）の設立に際して採択された文書であり、第一バスケット（欧州の安全保障）、第二バスケット（経済、科学技術及び環境の分野における協力）、第三バスケット（人道及びその他の分野における協力）、会議の検証の四部からなる。第一バスケットでは、主権平等、武力による威嚇又は武力の行使の自制、紛争の平和的解決、人権と基本的自由の尊重等が掲げられている（https://www.osce.org/files/f/documents/5/c/39502.pdf（Consulté le 3 mai 2024））。

507）*Livre Blanc pour la Paix, supra* note 498), p. 83.

の安全保障のための第２回ヘルシンキ会議を開催」し、「東欧における緊張を和らげる」ことが必要である[508]。そして、「そのようなヨーロッパレベルでの活動を、人間の安全保障と平和の文化の発展のために、国連の活動を伴う世界的なものにしなければならない」。これは、SDGs（持続可能な開発目標）[509] の実現や軍事費削減を可能にする計画を通して、発展の不平等を縮減しようとする活動でもある。「共同の安全保障は、あらゆる人権保障の向上、国際法の遵守、正義に基づくものであり、NATOの解体に至る多国間主義の発展によって実現する」[510]。

このように、『平和白書』は、軍事同盟を否定し、集団安全保障を強調している。

(2)　平和の文化と平和への権利

『平和白書』は、国連憲章をはじめとする国際規範を随所で引用し、平和のために生かすことを主張している。以下、『平和白書』における、①平和の文化に関する宣言および行動計画と、②平和への権利宣言についての言及を取り上げる。

①平和の文化に関する宣言および行動計画（A/RES/53/243）[511] は、1999年９月13日の国連総会で採択されたものである。同宣言の前文は、「平和は単に争いがないということではなく、対話がはげまされて争いが相互理解と協力の精神で解決される、積極的で力強い参加の過程をふくむものである」と規定している。１条で定義された平和の文化とは、「次に掲げるものに立脚した価値観、態度、伝統、行動及び生活様式の総体」[512] であり、「次に掲げるもの」には、人権保障や民主主義、文化的多

508） *Livre Blanc pour la Paix, supra* note 498), p. 93.

509） 2015年９月の国連サミットにおいて全会一致で採択された。17の国際目標で構成されており、貧困や飢餓をなくすこと、福祉や教育をすべての人が受けられるようにすること、ジェンダー平等や平和を実現することなどを内容とする。

510） *Livre Blanc pour la Paix, supra* note 498), p. 67.

511） 以下、条文の訳は、平和の文化をきずく会編『暴力の文化から平和の文化へ――21世紀への国連・ユネスコ提言』（平和文化、2000年）10-20頁による。

様性などが含まれている。また、同行動計画は、平和の文化を促進することを国連加盟国や市民社会に求めており、国内的・地域的・国際的なレベルですべての関係者によって強化されるべき８つの行動を規定している。

『平和白書』は、この宣言および行動計画の実行の重要性を強調している。その第２部では、宣言の全文が国連憲章とともに紹介されており、第４部で提案されている平和のための４つの計画の中にも、平和の文化の８つの行動の実践についての言及が数多くある。とりわけ、その内の第４計画は、「平和と非暴力の文化のあらゆる方面での発展によって、暴力と戦争の原因に立ち向かう」と題されており、この中で平和の文化の促進が推奨されている。例えば、平和と非暴力の文化のための省庁間組織の創設が提唱されており、関係するNGOを結びつけることや、社会の中でこの文化が発展するよう配慮することがその任務とされている。また、平和と非暴力についての教育を幼稚園から高等教育までの教育システムに導入することが主張されている[513]。この計画以外の箇所においても、実行されるべき政策として、平和と非暴力の文化に基づく人間の安全保障のための平和計画法律を制定し、それを民主的に練り上げることなどが提案されている[514]。

②平和への権利宣言（A/RES/71/189）は、2016年12月19日の国連総会で採択されたものである。賛成131か国、反対34か国、棄権19か国で、反

512）１条の訳については、平和の文化をきずく会編・前掲注511）では、「平和の文化とはつぎにかかげるような価値観、態度、行動の伝統や様式、あるいは生き方のひとまとまりのもの」とされている。英語版の“A culture of peace is a set of values, attitudes, traditions and modes of behaviour and ways of life based on:”を訳したものであろうが、フランス語版が、« La culture de la paix peut être définie comme l'ensemble des valeurs, des attitudes, des traditions, des comportements et des modes de vie fondés sur : » であることを踏まえれば、同書の訳には無理があると思われるため、上記のように訳した。

513）*Livre Blanc pour la Paix, supra* note 498), p. 90.

514）*Livre Blanc pour la Paix, supra* note 498), p. 99. 平和計画法律（loi de programmation pour la paix）は、軍事計画法律（loi de programmation militaire）に代わるものとして示されている（pp. 222-224）。

対したのは、フランスを含むEU諸国、日本、アメリカなどである。同宣言の１条では、「すべての人は、すべての人権が促進され保護され、かつ発展が十分に実現するような平和を享受する権利を有する」[515]と定められている。

この平和への権利宣言採択を求める国際NGO会議において作成されたのが、平和への人権に関するサンチアゴ宣言である。サンチアゴ宣言は、2010年12月10日に、国連人権理事会に提案するNGOの提言として採択されたものであり[516]、平和への権利の諸要素として、平和教育への権利（２条）、人間の安全保障への権利（３条）、発展及び持続可能な環境への権利（４条）、不服従及び良心的兵役拒否の権利（５条）、抵抗権（６条）、軍縮への権利（７条）、精神的自由（８条）、難民の地位への権利（９条）、出移民の権利（10条）、人権侵害の被害者の権利（11条）、脆弱な状況にある集団の保護への権利（12条）をその内容にもつ。

『平和白書』によれば、フランスとヨーロッパは、「国際紛争を解決する手段としての戦争を拒絶しなければならず、……（中略）……サンチアゴ宣言が確認するように、平和への権利を、国際法、ヨーロッパ法、国内法に書き込むべき基本的権利として認めなければならない」[517]。すなわち、

515）訳は、「平和への権利国際キャンペーン」WEBサイト（https://www.right-to-peace.com/about（2024年５月３日閲覧））による。また、平和への権利と日本国憲法前文の平和的生存権との相違点としては、前者が直接的暴力、構造的暴力、文化的暴力の３つを根絶することを目的としているのに対し、後者については文化的暴力の根絶を求めているかどうかが不明確であることが指摘される。他方、両者は、国際社会での武力行使をなくすという同じ目的を追求しており、暴力をなくすために平和を単なる政策の問題ではなく権利としたという共通点がある（平和への権利国際キャンペーン・日本実行委員会編著『いまこそ知りたい平和への権利48のQ&A　戦争のない世界・人間の安全保障を実現するために』（合同出版、2014年）86-87頁〔飯島滋明執筆〕）。

516）笹本潤「５大陸を平和憲法と平和への権利で埋め尽くそう――サンティアゴ国際NGO会議に参加して――」笹本潤・前田朗編著『平和への権利を世界に――国連宣言実現の動向と運動――』（かもがわ出版、2011年）77-78頁。巻末に宣言の全訳が掲載されている。

517）*Livre Blanc pour la Paix, supra* note 498), p. 83.

『平和白書』は、平和への権利宣言においては採用されなかったこれらの権利条項を法文化し、平和への権利を法的権利として実効的なものにすることを主張しているようである。

(3)　平和と人権の相互関係

次に、平和と人権との相互関係についての『平和白書』の認識を明らかにする。

『平和白書』は、平和のためには人権保障が必要であるとの見解を有しており、テロ問題に関する記述にそれが表れている。『平和白書』は、次のように主張する。テロの糾弾は、「フランスやヨーロッパの多くの若者を……（中略）……ジハーディストの側に導いたメカニズムを理解するための努力」を伴わなければならない。テロ問題の解決策として、「軍事費増額と緊急事態の継続を通じた自由への制限」が行われているが、テロに立ち向かう最良の方法は、「現状に至った原因と過程を分析する民主的議論を平静に展開すること」である。したがって、「テロ対策の名目での国際関係の軍事化と軍事費増額」に反対する[518)]。

そして『平和白書』は、新自由主義的政策による格差や貧困に、テロの原因の一端を求め、次のように主張する。「金融資本主義改革や反社会福祉政策により、連帯と正義の原理に基づいた社会構造が掘り崩されている」。そのように社会が不安定化する中で、「イスラム原理主義運動に取り込まれ利用される」層が生じる。テロ対策は、「人権の充足と尊重、平和の論理と文化の促進を通して」行われるべきであり、「警察や軍隊による措置では問題を解決できない」。したがって、「緊急事態の続行や武器所持の一般開放を目論むあらゆる措置」に反対する[519)]。

『平和白書』では、Ligue des Droits de l'Homme（人権連盟）の主導の下で約100の組織が署名した次のようなアピール文が紹介されている。

---

518) *Livre Blanc pour la Paix, supra* note 498), p. 28.
519) *Livre Blanc pour la Paix, supra* note 498), pp. 31, 33.

「1986年以来、より大きな権力を警察に与え……（中略）……自由を制限する法律[520]が、テロ対策の文脈で積み上げられた」が、そのような対応は、安全保障に寄与するものではない。「私たちから自由を奪ってはならず、緊急事態は継続されてはならない」。

また、いくつかの県において、諸団体による次のようなアピールがあることも紹介されている。テロが発達した一要因は貧困であり、「人間の安全保障の強化と、市民の自由の強化」が重要である。そのために「必要な公役務の発展は、……（中略）……教育、文化、司法、都市政策、保健衛生などを組み込まなければならず、個人的・集団的自由のいかなる制限も付されてはならない」[521]。

このように、人々が困難な状況に置かれていることが平和を脅かすと考えており、それに対して、軍事的・警察的措置ではなく、社会福祉政策の必要性を説いている。

『平和白書』は、人権保障のために平和が必要であるとの視点も有しており、難民問題についての次のような見解から、そのことが窺える。紛争と軍事介入の結果、アフガニスタン、イラク、シリア、リビアなどで多くの難民が生じている。彼らはEU諸国に逃れようとしているが、国境を超えるのが困難で、目的地に到達しても、「留置施設や即席収容所における監禁や隔離の政策、個人の自由の制限、基本的人権の侵害、人間の尊厳にとっての有害な状況、労働市場での搾取に直面する」ことになる[522]。

このような状況に対し、『平和白書』は、「移民や難民とその保護について模範を示す」こと、すなわち、滞在への権利、働く権利、家族と生きる権利、子どもを就学させる権利を保障することを、フランスとヨーロッパに求めている[523]。そして、難民の保護にとどまらず、社会的・衛生的・

520）テロ対策に関する1986年９月９日の86-1020号法律のことと思われる。近年では、国内安全及びテロ対策を強化する2017年10月30日の2017-1510号法律が制定された。

521）以上２つのアピールにつき、*Livre Blanc pour la Paix, supra* note 498), pp. 72, 74.

522）*Livre Blanc pour la Paix, supra* note 498), pp. 20-21.

教育的必要性のために、貧しい国の借金を解消することや、難民問題の発端である紛争を減らすために、武器の商取引を禁止することを主張している[524]。さらに、アフリカの仏軍基地の放棄や中東の非核化、軍事介入の中止など、多くの難民の出身地であるアフリカや中東に関する措置についても提言している[525]。

このように、難民の人権が保障されていないという状況に対し、武器取引や軍事介入をやめて紛争をなくすことが必要であると主張されている。

以上、テロ問題と難民問題に関する認識と提言から、平和と人権とを相互補完的に捉えているということが窺い知れた。実際、両者の関係を次のように述べた箇所もある。「社会的正義、民主主義、社会的・文化的・市民的権利なしに、持続的な平和はありえない。それは、社会、地域、レジオン、国内、国際のあらゆるレベルにおいてのことである。保健衛生、雇用、住居、教育は、エネルギー、輸送、水などのような公共設備と同じ理由で、今後の優先事項である。公役務は、これらの優先事項がきちんと保証されるための道具であり保証人である。……（中略）……これらの基本的な必要性の充足が保障されることによってのみ、貧困から生じる敵対関係や紛争を避けることが可能になる」[526]。そして、「持続的な平和は、人間のあらゆる権利義務の行使の条件である」[527]。

(4)　平和とジェンダー

ここまで、『平和白書』の安全保障と人権をめぐる基本的な考え方を概

523）具体的には、在留外国人の地方参政権と被選挙権を EU 諸国民と同じ条件にすること、フランス国籍の取得を容易にすること、国と地方自治体がフランス語の習得に対する効果的な支援を行うこと、EU における居住に基づく市民権を確立すること、ヨーロッパ内でのビザを廃止し、自由な通行への権利を確保することなどを主張している（*Livre Blanc pour la Paix, supra* note 498), p. 88)。

524）*Livre Blanc pour la Paix, supra* note 498), p. 88.

525）*Livre Blanc pour la Paix, supra* note 498), p. 78.

526）*Livre Blanc pour la Paix, supra* note 498), p. 89.

527）*Livre Blanc pour la Paix, supra* note 498), p. 37.

観してきた。これを踏まえて、ジェンダー問題への言及を総覧する。ジェンダー問題に関しても、①平和の文化に関する宣言および行動計画や、②国連安保理決議1325号のような国際規範を活用することが主張されているため、順に紹介する[528)]。

①平和の文化に関する宣言において、平和の文化を定義した１条の（g）では、「女性および男性の平等の権利と機会均等を尊重し、その促進をすること」と規定され、３条では、平和の文化の十分な発達のために必要不可欠なこととして、「女性のエンパワーメントや意志決定のすべての段階で平等な参加を保障することによって女性にたいするあらゆる形態の差別をなくすこと」が挙げられている。

また、平和の文化に関する行動計画のＢ章は、「すべての関係者による国内的、地域的、そして国際的なレベルでの行動を強化すること」と題されており、各項目において、ジェンダーに着目した行動が次のように具体化されている。(9) 教育を通じて平和の文化を育てる行動としては、(d) 女性、特に少女たちへの教育への機会均等を保障すること、(10) 持続可能な経済的及び社会的発展を促進する行動としては、(f) ジェンダーに基づくものの見方と、女性と少女のエンパワーメント、(16) 国際的な平和と安全を促進する行動としては、(j) 紛争の予防と解決に、女性のより多大な参加と活躍をすすめることである。

さらに、(12) 女性と男性の間の平等を保障する行動として、(a) あらゆる国際文書の適用に当たってジェンダーの視点を貫くこと、(b) 女性と男性の平等を促進する国際文書をさらに実現すること、(c) 第４回世界女性会議で採択された「北京行動綱領」[529)] を、適切な資源と政治的決意を

528) このほかにも、平和に関する国連決議がジェンダーに言及する例はあり、例えば平和への権利宣言の前文では、「国連総会は、……（中略）……国の十分かつ完全な開発、世界の福祉及び平和は、あらゆる分野における男性と対等な条件での最大限の女性参加を追求することをも想起」すると規定されている。

529) 1995年に北京宣言とともに採択されたもので、平和が女性の地位向上のための重要な要因であると示されている。1998年６月17日には、これをフォローアップする決議（A/RES/52/231）が国連総会で採択された。

もって実施すること、(d) 経済的、社会的、そして政治的意思決定において女性と男性の平等を促進すること、(e) 女性に対するあらゆる形態の差別と暴力をなくすために、国連組織内の関連部局による努力をさらに強めること、(f) 家庭、職場、そして武力紛争時を含めて、あらゆる形態の暴力の犠牲になっている女性への援助と支援の対策を講じること、という6つの行動が規定されている。

『平和白書』は、随所でこの決議に言及しており、平和の文化のために、女性に対する暴力の根絶や女性のエンパワーメント、男女平等の促進が必要であると認識している。例えば、本節(2)で触れた第4計画の中では、特に女性に対する暴力並びにカップル間の暴力及びそれが子に与える影響に関する2010年7月9日2010-769号法律の厳正な適用を求めている[530)]。また、平和の構築が、女性の権利を含む様々な政策に関係しているとの認識から、平和省を創設し、その下で、あらゆる部門における平和のための政策を指揮することを提言している[531)]。

②国連安保理決議1325号（S/RES/1325（2000））[532)] は、「女性、平和、安全保障」と題されたもので、2000年10月31日に採択された。国連広報センターによれば、同決議は、「安全保障理事会決議としてはじめて、戦争が女性に及ぼす独特の、不当に大きな影響を具体的に取り上げ、紛争の解決と予防、そして平和構築、和平仲介、平和維持活動のあらゆる段階への女性の貢献を強調した」ものであり、「国際的な女性の権利と平和、安全の問題を前進させる大きなきっかけとな」った[533)]。

530）*Livre Blanc pour la Paix, supra* note 498), p. 87. 同法は、被害者の保護（保護命令制度の創設、被害者の権利の保障、携帯型電子的監視措置及び遠隔保護措置による被害者の保護、子の保護）、暴力の予防（学校における予防、記念日の制定、メディアにおける予防、女性に対する暴力に関する国の監視機関の創設）、暴力の抑圧（刑事調停の禁止、心理的暴力を含むあらゆる形態の暴力の処罰、心理的暴力の軽罪の新設）を定めたものである（長谷川総子「フランスの 2010 年ドメスティック・バイオレンス対策法」外国の立法258号（2013年）51-60頁）。

531）*Livre Blanc pour la Paix, supra* note 498), p. 97.

532）以下、条文の訳は、国連広報センター（https://www.unic.or.jp/files/s_res_1325.pdf（2024年5月3日閲覧））による。

同決議の前文では、女性と子どもが、「武力紛争により不利な影響を受ける者の圧倒的多数を占めており、ますます戦闘員や武力装置により標的とされている」ことが懸念されており、「紛争の予防および解決並びに平和構築における女性の重要な役割」、「平和と安全の維持および促進のあらゆる取組における女性の平等な参加と完全な関与の重要性」、「紛争予防と解決に関わる意思決定における女性の役割を増大する必要」が強調されている。そして、具体的な18項目の行動が提起されている。

『平和白書』は、「暴力の被害者で、権利において尊重されず、統治の領域にいない女性」と題された項目において、同決議を参照する。同項目では、女性が戦時性暴力の標的となることや、女性が平和の交渉から遠ざけられていることなどが問題視されており、同決議2の「紛争解決および和平プロセスにおける意思決定レベルに女性の参加を増やすこと」に関連して、次のような指摘がある。フランスでは、「男女平等についての様々な宣言と法……（中略）……や、パリテに関する諸法律にもかかわらず、2016年に、女性はフランス議会の25.7％しか占めていない。……（中略）……ヨーロッパでは、女性は人口の51.5％を占めているが、議会の議席の25.6％しか占めていない。世界では、2002年以来高等教育における女性の就学率が男性のそれを超えたにもかかわらず、……（中略）……『安全保障』に関わるものは、男性の仕事とされている」。女性が、政府の決定機関に入り、紛争の予防と解決に参画することは、「社会にとって、とりわけ平和の把握にとって極めて有望である」[534)]。

このように、『平和白書』は、女性議員比率の向上や政府の決定機関における男女共同参画を平和に資するものと考え、フランスやヨーロッパの政治部門における女性のエンパワーメントを提唱している。さらに、巻末付録にも、北京宣言および行動綱領や、「女性 2000：21 世紀に向けたジェンダー平等、開発および平和」と名づけられた国連総会第 23 回特別会

533）国連広報センター WEB サイト、前掲注315）。
534）*Livre Blanc pour la Paix, supra* note 498), p. 18.

期の成果文書（A/S-23/10/Rev.1）とともに、国連決議1325号についての言及があり、その実行が呼びかけられている[535]。

巻末付録では、編纂に関わったフェミニスト団体の取り組みや発言も紹介されており、ここからも、『平和白書』のジェンダー問題認識が窺える。

例えば、Marche Mondiale des Femmes の Régine Minetti は、次のように述べている。「構造的暴力は、女性の生活と周囲の状況に必然的に影響を及ぼす」。フランスでは、核装備の改良に税金が投入されている一方、社会福祉予算は削減され、350万人の女性が不安定な状況にある。したがって NATO 解体や核兵器廃絶といった軍縮のみならず、教育や医療のような社会的必要性の充足が必要である。そして、「平和と紛争予防のプロセスに女性が平等に参加するために、国連決議1325号の実行が求められる」[536]。

また、Initiative Féministe EuroMed の共同議長である Lilian Halls-French は、次のように述べている。「軍事化の文脈では、女性の権利が最初に犠牲にされる」。軍事費増大は社会保障への打撃につながり、女性が家庭に縛りつけられることになる。人間の安全保障は、男女双方を含む場合にのみその名に値するのであり、「決定のプロセス、とりわけ紛争管理や政治的変化のプロセスにおいて、女性が代表されること、フェミニストの声が聞かれることが急務である」。しかし、「安全保障分野における伝統的な概念領域からの女性の排除」、「女性を従属的地位に縛りつける権力構造」、「非常に根深いジェンダーステレオタイプと女性のアイデンティティの神話（権力を握ることや難しい交渉を行うことへの女性の関心不足や不適性）」、「平和外交があらゆる面……（中略）……で男性の政治とされていること（女性は「女性の問題」について発言するためにのみ招かれる）」といった困難がある。そこで、「フェミニストや平和主義者の経験を集め知識を共有しなければならない」[537]。

535）*Livre Blanc pour la Paix, supra* note 498）, p. 147.
536）*Livre Blanc pour la Paix, supra* note 498）, pp. 150–151.
537）*Livre Blanc pour la Paix, supra* note 498）, pp. 142–144.

以上のように『平和白書』では、女性が戦争における犠牲者であるだけでなく、日常的な暴力の犠牲や、社会の軍事化・福祉削減における犠牲にもなることから、戦争のみならず、差別や貧困などの構造的暴力を含む暴力の根絶を主張している。

第３節　小括

第１節で取り上げた平和運動とフェミニズム運動は、いずれも平和問題とジェンダー問題に取り組んでいたが、それぞれの言説を分析すると、その認識には差異があるということが看取される。Mouvement de la Paixは、戦争だけでなくあらゆる暴力まで、平和のために根絶すべきものと捉えている。そして、とりわけ女性が戦争被害や暴力被害を受けてきたことから、平和の実現のために女性の直接的暴力被害をなくす必要があると主張している。また、平和の実現のためには、直接的暴力のみならず構造的暴力を根絶する必要があるとも認識しているが、女性と構造的暴力との関係についての言及はない。したがって、Mouvement de la Paixの認識からは、平和とフェミニズムを結ぶものとして、直接的暴力の否定が導き出されるが、構造的暴力については、平和との関係で認識するにとどまっているといえる。

他方、Femmes Solidairesは、女性が受ける様々な被害を理由に戦争や軍拡に反対しており、性暴力、DV、フェミサイドといった平時に女性に対してなされる暴力についても、それらがなくならない限り平和は訪れないと主張している。したがって、女性のために直接的暴力をなくし平和を実現する必要があるということになる。また、女性の貧困を問題視し、構造的暴力をなくす必要があるとしているが、平和と構造的暴力との関係についての言及はない。したがって、Femmes Solidairesの認識からは、平和とフェミニズムを結ぶものとして、直接的暴力の否定が導き出されるが、構造的暴力については、女性との関係で認識するにとどまっているといえる。

以上から、次のことが了知される。直接的暴力という点で、平和運動はジェンダー問題を、フェミニズム運動は平和の問題を、捉えており、現代の市民運動においても、非暴力が平和主義とフェミニズムとの結節点となっている。ただし、構造的暴力については、両運動共に根絶すべきものとしているとはいえ、平和運動は平和との関係で、フェミニズム運動は女性との関係で、しか認識していない。

このような認識は、両運動を含む様々な市民運動団体が結集して編纂した『平和白書』において止揚される。『平和白書』は、軍事による安全保障ではなく人間の安全保障を、そして、軍事同盟に基づく安全保障ではなく集団安全保障を構想している。また、テロを防ぐという名目での人権制約にも、人権保障の名目での軍事的措置にも反対しており、平和と人権は相互補完的なものと捉えられている。ここでは、平和と人権保障の実現のために、直接的暴力のみならず構造的暴力をなくすことも必要とされている。

そのうえで、ジェンダー問題への言及がなされている。『平和白書』からは、女性は、戦争被害や日常生活における暴力被害を相対的に多く受けるため、直接的暴力の根絶は、平和の実現のみならず女性の解放にとっても重要であるとの認識が読み取れる。また、女性の貧困や社会的地位の不安定さ、家庭への繋縛の一因は軍拡であるとして、女性と構造的暴力と平和も関連付けられている。構造的暴力の根絶も、平和と女性解放に不可欠とされているのである。

このように、平和運動とフェミニズム運動が、それぞれの問題としてしか認識していなかった構造的暴力の問題が、『平和白書』においては、平和主義とフェミニズムを結ぶものとして表れている。『平和白書』が、様々な平和運動団体やフェミニスト団体の共同作業で編まれたことにより、平和主義とフェミニズムとの結節点は、単なる直接的暴力反対から、構造的暴力を含むあらゆる暴力の否定に発展を遂げることができたものと思われる。

終章

第Ⅲ部では、フランスの市民運動における平和主義とフェミニズムとの関係を検討してきた。その結果、両者の結びつきは歴史的に見られ、そのありようも発展を遂げてきたということが明らかになった。

第一次世界大戦前から、平和を求める女性運動があり、彼女たちの要求の中には男女平等も含まれていた。その運動は、平和主義とフェミニズムとの融合を目指していたが、実際には、平和と男女平等は、独立した2つの要求にとどまっていた。そして、この時期の運動においては、平和主義とフェミニズムを結ぶものとして、母性が認識されていた。当時の代表的な論者とされる Madeleine Vernet の言説[538] に象徴されるように、この時期のフェミニズムは多分に母性的なものであったため、ここで模索されていた平和主義とフェミニズムとの関係は、平和主義と母親との関係にしかなりえなかった。だからこそ、平和と男女平等は、別個の要求としてしか存在できなかったともいえる。

20世紀後半、両者の関係を解明する必要性が改めて認識され、そのための国際会議や研究が行われた。そこでは、平和主義者は必然的にフェミニストであり、フェミニストは必然的に平和主義者であるという主張がなされた。平和主義者は非暴力主義者であるから女性に対する暴力に反対するはずであること、女性は相対的に多く暴力被害に遭うから非暴力を求めるはずであることがその理由であった。このころから、平和主義とフェミニズムをつなぐものとして、非暴力が認識され始めたといえる。さらに、両者の結節点が母性から非暴力に移ったことにより、平和の実現と、男女平等や女性の権利の実現が、相即不離の関係にあるということが次第に明らかになってきた。

538）Vernet, *supra* note 433).

そして、現代の平和運動とフェミニズム運動のそれぞれにおいても、平和主義とフェミニズムを結ぶものとして、非暴力が読み取れる。ただし、暴力の概念を構造的暴力にまで拡張すると、両者の認識には差異がある。平和運動においては、構造的暴力はジェンダー問題としては認識されておらず、フェミニズム運動においては、構造的暴力の根絶は平和の追求とは関連していなかった。したがって、両者を結ぶものとして認識されている非暴力の射程は、直接的暴力にとどまっていると考えられる。

これに対し、両運動を含む様々な市民運動団体によって作成された『平和白書』においては、直接的暴力と構造的暴力の双方を含むあらゆる暴力の根絶が、平和の実現と女性の解放にとって必要不可欠であるとの認識が示されている。『平和白書』の編纂過程において、平和運動とフェミニズム運動の知見が結集されたことで、平和主義とフェミニズムの結びつきの理解が発展したためである。ここに、『平和白書』の大きな意義があるといえよう。

以上、フランスの市民運動における平和主義とフェミニズムの結節点は、母性から非暴力へと進化を遂げ、暴力の射程には構造的暴力も含まれつつあるということを示してきた。ただし、母性主義からの脱却が、本質主義の克服を意味しているとは限らない。ここまで見てきた運動では、女性の暴力被害から平和主義が導かれる一方で、暴力の加害者としての女性という視点は一貫して欠如していた。女性が受ける被害が相対的に大きいことは確かであるとしても、女性をすべて被害者としてそれを平和要求の根拠とするのであれば、女性をすべて母としてそれを平和要求の根拠としていた往時の平和運動と相似してしまう。女性の加害者としての側面を直視する必要がある[539)]。

フランスの女性は、これまで何らかの形で戦争に加担してきており、第一次世界大戦の際には、フェミニストもその一翼を担った。そして、戦争への賛否を巡る当時のフェミニストの立場の分岐は、女性兵士問題に一つの示唆を与えるものと考えられる。戦争に反対したフェミニストが、平和主義と女性解放との関係性を追究し、それがフェミニズムを発展させることにもつながったのと裏腹に、戦争に加担したフェミニストは、少なくとも戦争中には平等要求を後退させることになった（第1章第1節参照）。その理由や経緯についてはさらなる検討が必要であるが、ナショナリズムに取り込まれたという面は否定できないであろう。第Ⅱ部では、女性兵士の実態から、ミリタリスト平等イデオロギーにおける平等志向の維持が困難であることを示したが、このような歴史的事実を見るにつけても、軍隊内男女平等を主張するフェミニストが平等要求を貫けるのかという疑義は弥増すばかりである。

さらに、女性は、少なくとも参政権を獲得した1944年以降は、他国への軍事介入や植民地問題の責任も共有することになる。そして、軍隊への女性の参入は、女性をますます暴力の加害者にする。非暴力によって結びついたフランスの市民運動は、論理的には女性の軍隊参入に反対することになるはずであるが、これまでのところそれが明言された文書は見当たらない。しかし、フランスは、世界有数の女性兵士比率を誇り、軍隊への女性の参入推進にも熱心な国であり、フランスの市民運動は、早晩女性兵士問題に向き合わざるをえなくなるだろう。そのことにより、女性の加害の視点と軍隊自体の問題性がはっきりと認識され、非暴力を核とした平和主義とフェミニズムとの紐帯も一層明晰になるのではないかと期待する。

539）この点、佐藤文香は、「被害者としての女」として始まった日本の女性の平和運動が、「慰安婦」に対する国家補償を実現できない「日本国民」としての加害者性、戦後一貫して基地の負担を沖縄に押し付けてきたという本土の住民としての加害者性、南北格差の中に生じる各地の紛争に対し繁栄を享受してきた「北側」の人間としての加害者性を自覚して発展してきており、フェミニズムの中に「女性に対する暴力」を家庭から職場から戦場まですべてひとつながりのものとして提起する動きが生じている一方で、「軍隊と女性」という問いから女性兵士を包摂し損ねることによって、再び「すべての女は被害者」という光景が示されてしまっていると指摘する（佐藤・前掲注17）331頁）。

本書におけるさしあたりの結論と展望

本書では、軍隊への女性の参入という問題について、自己決定権との関係での理論的検討および女性軍人の実態に基づいた実証的検討を行い、より根源的な問題である平和主義とフェミニズムの相互関係についても、市民運動における両者の重なりの分析を通じて、その解明への端緒を探ってきた。本書での行論を簡単に再見し、若干の検討を加えて擱筆したい。

序では、軍隊内男女平等を求めるフェミニストとそれに反対するフェミニストの議論を概観した。前者の主張は、フェミニズムを単なる分配平等の思想に還元してしまっている点で単純すぎるし、軍隊そのものに反対する後者の主張は、すでに存在する女性軍人の存在を無視しがちである点に問題を残しているということが明らかになった。

第I部では、軍隊への女性の参入を自己決定権によって肯定できるか否かを検討した。まず、それを肯定する主張及びそれに対する反論について概観した（**第1章**）。

そのうえで、憲法学の議論を踏まえた検討を行った。第1に、自己決定は環境や社会的条件に影響されるので、当該自己決定がなされた文脈を無視して、それを自己決定権の行使とするのであれば、差別を内包した社会構造を正当化してしまう場合があるため、状況を顧慮せずに自己決定権を持ち出すことには問題がある。女性が軍隊に入る背景として、女性の社会的・経済的地位の低さがあることは否定できず、自己決定の環境が整っているとはいえない（**第2章**）。

第2に、日本の憲法学説やフランスの公法判例では、本人の人格的自律や人間の尊厳の擁護のための自己決定権の制約がありうるとされている。軍人は、一般市民に比べて大幅な権利制約を受け、重い義務を負っており、上官の命令に対しては絶対服従が課せられている。そこで、軍隊に入るという自己決定は、自己決定権を放棄する自己決定となり、当該制約にかかる（**第3章**）。

このようにして、第Ⅰ部では、軍隊に入ることを自己決定権の行使として正当化することはできないということを明らかにした。さらに、終章では、そのような自己決定を自己決定権の行使として位置づけることが、女性の権利の尊重ではなく国家による女性の利用を後押しするものとなることを指摘した。

第Ⅱ部では、まず、フランス軍における女性の身分についての法制度と女性軍人の実態を分析することで、軍隊内で女性がどのような状況に置かれているのか、また、軍隊におけるジェンダー平等がどの程度実現しているのかについて検討した。フランスでは、第一次世界大戦頃から軍隊内に女性がいたが、諸法令では男女の別異取扱いが定められており、男女双方に適用される法律が制定された後も、女性の参入を禁じる部署や女性比率の制限があった。他方、欧州司法裁判所やコンセイユ・デタなどで、これを平等原則違反とする判決が相次ぎ、法律上の男女平等はほとんど実現した。しかし現在でも、軍人の女性比率は16％程度にとどまり、衛生部隊に集中するなど職域配置における不均衡も大きい。さらに、賃金格差や、女性の昇進を妨げるガラスの天井の問題もあり、市民社会とは比較にならないほど、セクハラや性暴力の問題も深刻である。このように、法制度上の平等が実現しても、軍事組織がその特有の組織紀律や組織風土を持つが故に、実際のジェンダー不均衡問題や女性が抱える困難は解消されていない（**第1章・第2章**）。

第Ⅱ部では、フランスにおける軍隊への女性の参入政策についても概観した。その中には、女性軍人比率や女性将軍比率の数値目標を含むような直接的な施策から、日常的な性差別・性暴力の予防・対処によって女性の就業環境を改善しようとする措置まで、様々な内容のものがあった。そして、そうした政策のすべてが、「平等」や「混合」を謳いつつ、陰に陽に軍隊の強化を企図しているということも判明した（**第3章**）。畢竟するに、フランスでは、国防省自身も研究者も、軍隊への女性の参入は軍隊の強化に寄与するとの認識であり、だからこそそれを必要としている。軍隊内男女共同参画への動きは、たとえ日本ではそれが明示されないとしても、軍拡の一環として捉えるべきであろう。

以上の分析を踏まえて、軍隊における女性の立ち位置について総括的に検討した。軍隊と「男性性」は密接に結びついており、女性であることと軍人であることとは両立しない。したがって、女性が軍人となるためには名誉男性化しなければならないが、名誉男性化には他の女性に対する蔑視が伴うため、女性の分断が生じるということが明らかになった（**第4章**）。

また、第Ⅱ部の終章では、「ミリタリスト差異あり平等派」や「ミリタリスト実力至上主義者」に取って代わられるために、「ミリタリスト平等派」のジェンダーイデオロギーの存立が困難である旨を述べた。さらに、男女平等政策の目的が軍隊の強化であるということは、軍隊への女性の参入が、軍隊による女性の利用にしかならないということを補完的に示すものではないかと考えられる。

このように、第Ⅰ部及び第Ⅱ部における検討によって、軍隊への女性の参入が、女性の権利の擁護や地位の向上につながるものではなく、むしろ軍事組織の側の都合に応えるものとして機能するということが明らかになった。

第Ⅲ部では、平和主義と女性の人権との接合関係を解明する端緒を得るために、フランスの市民運動を分析した。

フランスでは、早くも20世紀初頭に、平和主義とフェミニズムを接合させようという市民運動があったが、その結節点は母性とされていた。しかし「フェミニズムと平和主義」をテーマとする国際会議（1984年）などにより、そのような本質主義的理解は問題視されるようになった。そして、軍隊と市民社会における暴力の連続性と、女性の暴力被害を根拠として、平和主義とフェミニズムの結びつきは非暴力にあるのではないかという発想が生まれた（**第1章**）。

また、現代でも、平和運動はジェンダー問題に、フェミニズム運動は平和問題に取り組んでいるが、両者の共通の問題意識は暴力である。さらに、約30の市民運動団体が共同で手掛けた『平和白書』（2018年）においては、平和主義とフェミニズムの結節点は、構造的暴力を含むあらゆる暴力の否定にまで発展を遂げている（**第2章**）。

このことから、フランスの市民運動における平和主義とフェミニズムの結びつきのありようには変化が見られるということがわかる。萌芽期には両者のつながりは母性であったが、理論と運動が蓄積されて、直接的暴力、さらには構造的暴力の否定へと発展したのである。

以上のように第Ⅲ部では、市民運動において、平和主義とフェミニズムの結節点が非暴力に表れているということが明らかになったのであるが、ここで、再び日本国憲法に立ち返ることとする。

近代国民国家は、市民間の暴力を犯罪化する一方で、国家の暴力（軍隊）と、家庭における家長の暴力とを、その犯罪化から除外した[540)]。この犯罪化されていない公的暴力と私的暴力を否定するのが日本国憲法であり、それが９条と24条に顕現している、との理解がある。９条と24条の相関関係について、中里見博や清末愛砂は次のように論じている[541)]。中里見によれば、一切の軍事力の保持を国家に禁じた９条は、「軍隊という『公的』暴力」を否定しており、個人の尊厳や両性の本質的平等を定めた24条は、「婚姻と家族における男性支配」、すなわち、「家族という『私的』関係における暴力」を否定している。そして、「二四条の『私的』暴力の禁止と、九条の『公的』暴力の禁止とをあわせてみると、日本国憲法は、社会全体を非暴力化するためのプロジェクトである、と言うことができる」[542)]。また、清末も、24条は、「ジェンダーに基づく差別や暴力を排することで平和的生存権を確立しようとする」条文であり、「９条と24条は互いに補完しあいながら、非暴力を核とする平和主義を支える両輪とな

540）詳しくは、上野・前掲注13）24-32頁。

541）９条と24条の「内的関連」について最初に検討したのは若尾典子であろうと思われる。若尾は、「二四条と九条を結びつけ、平和主義を性暴力否定の観点から再構築していく」（若尾典子「平和主義・暴力・ジェンダー」長谷川正安・丹羽徹編『自由・平等・民主主義と憲法学』（大阪経済法科大学出版部、1998年）45頁）ことを提唱し、「軍事力を否定する、新しい国家像を構想した日本国憲法だからこそ、……（中略）……家族関係における両性の平等と個人の尊厳を保障しようという、新たな家族像を提起しえた」（若尾典子『ジェンダーの憲法学——人権・平等・非暴力』（家族社、2005年）151頁）と主張する。

542）中里見博『憲法24条＋９条——なぜ男女平等がねらわれるのか』（かもがわ出版、2005年）44-45頁。

っている」としている[543]。

このように、日本国憲法の中では、平和主義の規定と個人の尊厳及び両性の本質的平等の規定の双方に通底するものとして、非暴力を位置づけることができる[544]。すなわち、日本国憲法においても、平和主義とフェミニズムの結節点は非暴力に見いだされるといえる。そうだとすれば、国家公認の暴力装置である軍隊への女性の参入の推進は、やはりフェミニズムとは相いれないもののように思われる。

本書では、第Ⅰ部及び第Ⅱ部によって、自己決定権及び平等に依拠した女性の軍隊参入肯定論が成り立たないことの論証を試み、さらに第Ⅲ部では、平和主義とフェミニズムを架橋する手がかりを得たが、なお課題は山積している。「本書の問題意識と構成」で触れた辻村みよ子の「人権アプローチ」では、女性の人権の視点から平和を捉える議論を人権一般として平和の問題を捉える議論に止揚することが展望されていた。この「人権アプローチ」を参考に平和主義とフェミニズムとを総合する試みは、今後の研究に委ねられる。

543）清末愛砂「非暴力平和主義の両輪──24条と９条」中里見博・能川元一・打越さく良・立石直子・笹沼弘志・清末愛砂『右派はなぜ家族に介入したがるのか──憲法24条と９条』（大月書店、2018年）133-134頁。

544）さらに、岡野八代は、軍事的思考を支えてきた自律的主体批判をケアの倫理に連動させ、日々の親密な生活圏から、新たに非暴力的な社会を構成する原理を見出そうとする（岡野八代『フェミニズムの政治学　ケアの倫理をグローバル社会へ』（みすず書房、2012年）257-281頁）。

参考文献

（日本語文献）
相内真子「戦争と軍隊と女性――アメリカフェミニズムの立場から」自由学校「遊」通信第７号（1992年）２－３頁
相内真子「再び「戦争と軍隊と女性」」自由学校「遊」通信第10号（1992年）１－４頁
青柳幸一『憲法における人間の尊厳』（尚学社、2009年）
芦部信喜（高橋和之補訂）『憲法〔第八版〕』（岩波書店、2023年）
デービッド・アダムズ編集・解説＝中川作一訳・杉田明宏・伊藤武彦編集『暴力についてのセビリア声明――戦争は人間の本能か』（平和文化、1996年）
VAWW-NET Japan 編『女性国際戦犯法廷の全記録Ⅰ・Ⅱ』（緑風出版、2002年）
上井長久「フランス法における意思自律論」明治大学社会科学研究所紀要第36巻第１号（1997年）55-61頁
上野千鶴子・NHK 取材班『90年代のアダムとイヴ』（日本放送出版協会、1991年）
上野千鶴子「英霊になる権利を女にも？――ジェンダー平等の罠――」同志社アメリカ研究35号（1999年）47-57頁
上野千鶴子『女という快楽〔新装版〕』（勁草書房、2006年）
上野千鶴子『生き延びるための思想〔新版〕』（岩波書店、2012年）
上野千鶴子『ナショナリズムとジェンダー〔新版〕』（岩波書店、2012年）
上野千鶴子『女ぎらい　ニッポンのミソジニー』（朝日新聞出版、2018年）
上野千鶴子・蘭信三・平井和子編『戦争と性暴力の比較史へ向けて』（岩波書店、2018年）
上村貞美「フランスにおける軍人の法的地位――現代フランスにおける国防と人権（その２）――」香川大学教育学部研究報告第１部57号（1983年）25-57頁
上村貞美『現代フランス人権論』（成文堂、2005年）
内野正幸『憲法解釈の論理と体系』（日本評論社、1991年）
浦中千佳央「フランス軍内における職業的アソシエーション結成への道――2014年10月２日欧州人権裁判所判決（Matelly 事件、ADEDROMIL 事件）に関して――」産大法学49巻１・２号（2015年）172-187頁
江原由美子「ジェンダーの視点から見た近代国民国家と暴力」江原由美子編『性・暴力・ネーション』（勁草書房、1998年）297-366頁

江原由美子『自己決定権とジェンダー』（岩波書店、2012年）
ジーン・ベスキー・エルシュテイン（小林史子・廣川紀子訳）『女性と戦争』（法政大学出版局、1994年）（Jean Bethke Elshtain, *Women and War*, Basic Books, 1987）
岡野八代「「暴力」の主体から「非－暴力」のエイジェンシーへ——世界の軍事化にフェミニズムは対抗しうるか？——」女性学13巻（2006年）27-39頁
岡野八代『フェミニズムの政治学　ケアの倫理をグローバル社会へ』（みすず書房、2012年）
梶本玲子「フランスの女性の政治参画——EU の女性政策の影響とパリテ・クォータ論争——」国際女性12号（1998年）141-147頁
加藤秀一「構築主義と身体の臨界」上野千鶴子編『構築主義とは何か』（勁草書房、2001年）159-188頁
金井淑子『フェミニズム問題の転換』（勁草書房、1992年）
加納実紀代『女たちの〈銃後〉〔増補新版〕』（インパクト出版会、1995年）
加納実紀代『戦後史とジェンダー』（インパクト出版会、2005年）
ヨハン・ガルトゥング（奥本京子訳）「平和学とは何か」ヨハン・ガルトゥング・藤田明史編著『ガルトゥング平和学入門』（法律文化社、2003年）49-67頁
ヨハン・ガルトゥング（藤田明史編訳）『ガルトゥング平和学の基礎』（法律文化社、2019年）
君島東彦・名和又介・横山治生編『戦争と平和を問いなおす——平和学のフロンティア』（法律文化社、2014年）
君島東彦「平和——安保法制違憲訴訟と憲法平和主義の再構築」市川正人・倉田玲・小松浩編著『憲法問題のソリューション』（日本評論社、2021年）144-156頁
木村嘉代子「フランス軍専用売春宿 BMC」季刊戦争責任研究第86号（2016年）39-55頁
木村嘉代子「フランス軍公認売春宿 BMC をめぐる研究について（上）」季刊戦争責任研究第89号（2017年）25-33頁
木村嘉代子「フランス軍公認売春宿 BMC をめぐる研究について（下）」季刊戦争責任研究第90号（2018年）69-81頁
清末愛砂「非暴力平和主義の両輪——24条と９条」中里見博・能川元一・打越さく良・立石直子・笹沼弘志・清末愛砂『右派はなぜ家族に介入したがるのか——憲法24条と９条』（大月書店、2018年）129-156頁
清末愛砂「なぜ、女性自衛官の活躍を推進するのか」飯島滋明・前田哲男・清末愛砂・寺井一弘編著『自衛隊の変貌と平和憲法——脱専守防衛化の実態』（現代人文社、2019年）168-178頁
清末愛砂「憲法９条の解釈を深化させる憲法24条の平和主義的意義——大規模

な軍事拡張路線を踏まえて」憲法研究第12号（2023年）91-101頁
清野正義「湾岸戦争と女性兵士とアラブの女性たち」立命館言語文化研究３巻３号（1992年）31-52頁
櫛橋明香「人体の商品化と人間の尊厳——臓器・精子・卵子ビジネスから——」法社会学第80号（2014年）150-169頁
小泉良幸『個人として尊重——「われら国民」のゆくえ』（勁草書房、2016年）
小林真紀「フランス公法における「人間の尊厳」の原理(1)」上智法学論集42巻３・４号（1999年）167-212頁
小林真紀「フランス公法における「人間の尊厳」の原理（２・完)」上智法学論集43巻１号（1999年）55-82頁
近藤恵子「「フェミニズムと軍隊」論争——「自由学校“遊”」の討論から　軍隊内の女性差別撤廃決議（NOW）——私たちは何を選択するのか」婦人通信：社会主義をめざす婦人運動を創りあげよう！1992年８月号10-11頁
近藤恵子「再び「フェミニズムと軍隊」論争を考える　諸制度の不平等を告発しつつ制度そのものの変革を 「情況」誌合併号——“上野千鶴子・花崎皋平対談”を読んで」婦人通信：社会主義をめざす婦人運動を創りあげよう！1993年１月号16-17頁
近藤恵子「情況誌上——上野・花崎対談を読んで　討論のための個人的な問題提起」自由学校「遊」通信第12号（1993年）１-３頁
近藤恵子「花崎皋平さんの問題提起にこたえて」自由学校「遊」通信第15号（1994年）８-14頁
笹川紀勝「軍隊と隊員の内心の自由」法セミ増刊『思想・信仰と現代』（1977年）130-138頁
佐々木弘通「憲法上の「内心の自発性」論と「自己決定権」論」角松生史・山本顯治・小田中直樹編『現代国家と市民社会の構造転換と法——学際的アプローチ』（日本評論社、2016年）179-202頁
笹本潤「５大陸を平和憲法と平和への権利で埋め尽くそう——サンティアゴ国際NGO会議に参加して——」笹本潤・前田朗編著『平和への権利を世界に——国連宣言実現の動向と運動——』（かもがわ出版、2011年）77-90頁
佐藤幸治『日本国憲法論　第２版』（成文堂、2020年）
佐藤博文「女性自衛官人権裁判を通じて見えてきた自衛隊」季刊戦争責任研究第65号（2009年）22-29頁
佐藤博文「五ノ井さんの性暴力事件から自衛隊の実態と「兵士の人権」を考える」法と民主主義574号（2022年）32-35頁
佐藤文香『軍事組織とジェンダー——自衛隊の女性たち』（慶應義塾大学出版会、2004年）
佐藤文香『女性兵士という難問——ジェンダーから問う戦争・軍隊の社会学』（慶應義塾大学出版会、2022年）

志田陽子「軍事国家化とジェンダー・セクシュアリティ――レスペクタビリティ論を戦争責任論へ摂取する一試論――」浦田賢治編『非核平和の追求　松井康浩弁護士喜寿記念』（日本評論社、1999年）289-311頁
柴田洋二郎「家族生活と職業生活の両立――育児に関するフランスの社会法制」嵩さやか・田中重人編『雇用・社会保障とジェンダー』（東北大学出版会、2007年）369-394頁
白井洋子「ベトナム戦争から湾岸戦争へ――軍隊とアメリカの女性たち――」季刊戦争責任研究第24号（1999年）２-９頁
申琪榮「「ジェンダー主流化」の理論と実践」ジェンダー研究第18号（2015年）１-６頁
杉田聡『レイプの政治学――レイプ神話と「性＝人格原則」』（明石書店、2003年）
杉森長子『アメリカの女性平和運動史――1889年～1931年』（ドメス出版、1996年）
イヴ・K・セジウィック（上原早苗・亀澤美由紀共訳）『男同士の絆――イギリス文学とホモソーシャルな欲望』（名古屋大学出版会、2001年）（Eve Kosofsky Sedgwick, *Between Men: English Literature and Male Homosocial Desire*, Columbia University Press, 1985）
髙井裕之「ハンディキャップによる差別からの自由」岩波講座 現代の法14『自己決定権と法』（岩波書店、1998年）203-235頁
髙井裕之「自己決定能力と人権主体――高齢者・障害者等を中心に――」公法研究61号（1999年）70-81頁
髙良沙哉『「慰安婦」問題と戦時性暴力――軍隊による性暴力の責任を問う』（法律文化社、2015年）
滝沢正『フランス法〔第５版〕』（三省堂、2018年）
竹中勲『憲法上の自己決定権』（成文堂、2010年）
竹村和子「「資本主義社会はもはや異性愛主義を必要としていない」のか――「同一性（アイデンティティ）の原理」をめぐってバトラーとフレイザーが言わなかったこと――」上野千鶴子編『構築主義とは何か』（勁草書房、2001年）213-253頁
リサ・タトル（渡辺和子監訳）『〔新版〕フェミニズム事典』（明石書店、1998年）（Lisa Tuttle, ed., *Encyclopedia of feminism*, Longman, 1991）
玉蟲由樹『人間の尊厳保障の法理――人間の尊厳条項の規範的意義と動態』（尚学社、2013年）
玉蟲由樹「個人の尊厳と自己決定権」愛敬浩二編『講座　立憲主義と憲法学（第２巻）人権Ⅰ』（信山社、2022年）39-72頁
辻村みよ子『憲法とジェンダー　男女共同参画と多文化共生への展望』（有斐閣、2009年）

辻村みよ子・糠塚康江『フランス憲法入門』（三省堂、2012年）
辻村みよ子『人権をめぐる十五講——現代の難問に挑む』（岩波書店、2013年）
辻村みよ子『比較憲法〔第3版〕』（岩波書店、2018年）
辻村みよ子『憲法〔第7版〕』（日本評論社、2021年）
土井真一「「生命に対する権利」と「自己決定」の観念」公法研究58号（1996年）92-102頁
中里見博『憲法24条＋9条——なぜ男女平等がねらわれるのか』（かもがわ出版、2005年）
中里見博「ポスト・ジェンダー期の女性の性売買——性に関する人権の再定義——」社会科学研究58巻2号（2007年）39-69頁
中里見博「性の売買と人権」日本の科学者55巻6号（2020年）32-37頁
中野麻美「ジェンダー・ハラスメント」労働の科学75巻4号（2020年）14-17頁
中山茂樹「人体の一部を採取する要件としての本人の自己決定——憲法上の生命・身体に対する権利の視点から——」産大法学40巻3・4号（2007年）71-111頁
中山茂樹「生命・自由・自己決定権」大石眞・石川健治編『憲法の争点』（有斐閣、2008年）94-97頁
中山茂樹「憲法学と生命倫理」公法研究73号（2011年）171-181頁
中山道子「論点としての「女性と軍隊」——女性排除と共犯嫌悪の奇妙な結婚——」江原由美子編『性・暴力・ネーション』（勁草書房、1998年）31-59頁
那須耕介「ナッジはどうして嫌われる？　ナッジ批判とその乗り越え方」那須耕介・橋本努編著『ナッジ!? 自由でおせっかいなリバタリアンパターナリズム』（勁草書房、2020年）45-74頁
成原慧「それでもアーキテクチャは自由への脅威なのか？」那須耕介・橋本努編著『ナッジ!? 自由でおせっかいなリバタリアンパターナリズム』（勁草書房、2020年）75-99頁
人間の安全保障委員会『安全保障の今日的課題　人間の安全保障委員会報告書』（朝日新聞社、2003年）
糠塚康江「平等理念とパリテの展開——男女「平等」の意味を問う——」辻村みよ子編集代表『社会変動と人権の現代的保障』（信山社、2017年）147-169頁
長谷川総子「フランスの2010年ドメスティック・バイオレンス対策法」外国の立法258号（2013年）49-79頁
長谷部恭男編『注釈日本国憲法(2)　国民の権利及び義務(1)§§10～24』（有斐閣、2017年）
花崎皋平「「フェミニズムと軍隊」論争で見えてきたことをもっと深めたいと思っています——「遊」通信第十二号（一九九三年四月）の近藤恵子さんの問題提起に答えて」自由学校「遊」通信第14号（1994年）4-7頁

花崎皋平『個人／個人を超えるもの』（岩波書店、1996年）
花崎皋平『〈共生〉への触発　脱植民地・多文化・倫理をめぐって』（みすず書房、2002年）
リーン・ハンリー（三木のぶ子訳）「湾岸戦争のなかの女たち」インパクション74号（1992年）72-75頁（Lynne Hanley, “Women in the Gulf”, *Radical America*, vol. 23, no. 4, 1991）
姫岡とし子・Eva von Munch・Angelika Wagner・加納実紀代「国際学術シンポジウム「女性・戦争・平和運動」」立命館言語文化研究3巻3号（1992年）1-30頁
平岡章夫『多極競合的人権理論の可能性――「自己決定権」批判の理論として――』（成文堂、2013年）
深瀬忠一「フランス――征服戦争放棄と平和」法時51巻6号（1979年）44-47頁
深瀬忠一「フランス革命における自由・平等・友愛と平和原則の成立と近代憲法的（今日的）意義」北大法学論集55巻4号（2004年）1-53頁
藤田嗣雄『軍隊と自由　シビリアン・コントロールへの法制史』（書肆心水、2019年）
ベティ・フリーダン（下村満子訳）『セカンド・ステージ――新しい家族の創造』（集英社、1984年）（Betty Friedan, *The Second Stage*, Summit Books, 1981）
平和の文化をきずく会編『暴力の文化から平和の文化へ――21世紀への国連・ユネスコ提言』（平和文化、2000年）
平和への権利国際キャンペーン・日本実行委員会編著『いまこそ知りたい平和への権利48の Q&A　戦争のない世界・人間の安全保障を実現するために』（合同出版、2014年）
マリア・ミース（後藤浩子訳）「自己決定――ユートピアの終焉？」現代思想26巻6号（1998年）141-151頁
アンドレ・ミシェル（杉藤雅子訳）「過剰軍備と女性への暴力」ミシェル・デイラス監修（日仏女性資料センター翻訳グループ訳）『女性と暴力――世界の女たちは告発する』（未来社、2000年）18-36頁（Andrée Michel, « Surarmement et violences à l'égard des femmes », Sous la direction de Michèle Dayras, *Femmes et Violences dans le monde*, Éditions L'Harmattan, 1995）
水島朝穂「軍人の自由」ジュリ978号（1991年）125-131頁
水島朝穂「なぜドイツで軍人デモは行われたのか――軍人の政治的活動と軍人法」法セミ541号（2000年）69-73頁
水島朝穂「ジェンダーと軍隊　欧州裁判所判決とドイツ基本法」法時73巻4号（2001年）59-63頁
水島朝穂「戦争の違法性と軍人の良心の自由」ジュリ1422号（2011年）36-42頁
宮園久栄・長谷川卓也「刑事事件とジェンダー」第二東京弁護士会両性の平等

に関する委員会・司法におけるジェンダー問題諮問会議編『事例で学ぶ　司法におけるジェンダー・バイアス〔改訂版〕』（明石書店、2009年）123-155頁
J. S. ミル（関口正司訳）『自由論』（岩波書店、2020年）（John Stuart Mill, *On Liberty*, 4th ed., Longman, Green, Reader and Dyer, 1869）
牟田和恵「女性兵士問題とフェミニズム」書斎の窓1999年４月号36-39頁
村田尚紀『比較の眼でみる憲法』（北大路書房、2018年）
森田成也『マルクス主義、フェミニズム、セックスワーク論――搾取と暴力に抗うために』（慶應義塾大学出版会、2021年）
ホセ・ヨンパルト『人間の尊厳と国家の権力　その思想と現実、理論と歴史』（成文堂、1990年）
若尾典子「平和主義・暴力・ジェンダー」長谷川正安・丹羽徹編『自由・平等・民主主義と憲法学』（大阪経済法科大学出版部、1998年）27-47頁
若尾典子「買売春と自己決定――ジェンダーに敏感な視点から」ジュリ1237号（2003年）184-193頁
若尾典子「性の自己決定権と性業者・買春者」浅倉むつ子・戒能民江・若尾典子『フェミニズム法学――生活と法の新しい関係』（明石書店、2004年）350-377頁
若尾典子『ジェンダーの憲法学――人権・平等・非暴力』（家族社、2005年）
若桑みどり『戦争とジェンダー――戦争を起こす男性同盟と平和を創るジェンダー理論』（大月書店、2005年）

（外国語文献）

Christophe Abad, « Femmes militaires, et maintenant ? Le cas de l'armée de terre », *Les Cahiers de la Revue Défense Nationale : Femmes Militaires, et maintenant ?*, Institut de recherche stratégique de l'École militaire, 2017, pp. 8-12
Pierre Arnaud, « Point sur les actions menées au sein du ministère de la Défense pour améliorer la parité », *Les Cahiers de la Revue Défense Nationale : Femmes Militaires, et maintenant ?*, Institut de recherche stratégique de l'École militaire, 2017, pp. 57-61
Marine Baron, *Lieutenante : Être femme dans l'armée française*, Denoël, 2009
Xavier Dupré de Boulois, *Droit des libertés fondamentales*, 2e éd., Presses Universitaires de France, 2020
Camille Boutron, « Le ministère des Armées face à l'agenda Femmes, paix et sécurité : Évolution des approches et défis de mise en œuvre », *IRSEM Étude*, n°88, 2021, pp. 9-111
Camille Boutron et Claude Weber, « La Féminisation des Armées Françaises : entre Volontarisme Institutionnel et Résistances Internes », *Travail, genre et*

sociétés, n° 47, 2022, pp. 37-54
Danielle Le Bricquir et Odette Thibault, *Féminisme et Pacifisme : Même Combat*, Les Lettres Livres, 1985
Paul Cassia, *Dignité(s) : Une notion juridique insaisissable ?*, Éditions Dalloz, 2016
Christophe Dejours, *Souffrance en France : La banalisation de l'injustice sociale*, Seuil, 1998
Arielle Denis, *Mondialiser la paix*, La Dispute, 2000
Eleonora Elguezabal, « Métiers d'ordre, métiers virils ? Genre et capital culturel en brigade de gendarmerie », *Cahiers du genre*, n° 67, 2019, pp. 165-184
Cynthia Enloe, "The Politics Of Constructing The American Women Soldier As A Professionalized "First Class Citizen": Some Lessons From The Gulf War", *Minerva's Bulletin Board*, vol. 10, no. 1, 1992
Cynthia Enloe, *The morning after: sexual politics at the end of the Cold War*, University of California Press, 1993（シンシア・エンロー（池田悦子訳）『戦争の翌朝――ポスト冷戦時代をジェンダーで読む』（緑風出版、1999年））
Cynthia Enloe, *Maneuvers: the international politics of militarizing women's lives*, University of California Press, 2000（シンシア・エンロー（上野千鶴子監訳・佐藤文香訳）『策略　女性を軍事化する国際政治』（岩波書店、2006年））
Ilene Rose Feinman, *Citizenship Rites: feminist soldiers and feminist antimilitarists*, New York University Press, 2000
Scarlett-May Ferrié, *Le droit à l'autodétermination de la personne humaine : Essai en faveur du renouvellement des pouvoirs de la personne sur son corps*, IRJS Éditions, 2018
Charlotte Ficat, *Les Secrets de Saint-Cyr : Mémoires d'une ancienne élève*, La Boîte à Pandore, 2013
Michel Foucault, *Surveiller et Punir : Naissance de la prison*, Éditions Gallimard, 1975（ミシェル・フーコー（田村俶訳）『監獄の誕生――監視と処罰』（新潮社、1977年））
Véronique Gimeno-Cabrera, *Le Traitement Jurisprudentiel du Principe de Dignité de la Personne Humaine : dans la Jurisprudence du Conseil Constitutionnel Français et du Tribunal Constitutionnel Espagnol*, L.G.D.J., 2004
Sous la direction de Charlotte Girard et Stéphanie Hennette-Vauchez, *La dignité de la personne humaine : Recherche sur un processus de juridicisation*, Presses Universitaires de France, 2005
Arnaud Haquet, « L'accès des femmes aux corps de l'armée », *RFDA*, n° 2, 16^{e}

année, 2000, pp. 342-353

Francis Kernaleguen, « Réalité(s) du principe de dignité humaine dans la jurisprudence française : principe dominant ou dominateur ? », Sous la direction de Brigitte Feuillet-Liger et Kristina Orfali, *La dignité de la personne : quelles réalités ? Panorama international*, Éditons Bruylant, 2016, pp. 93-108

Helen Michalowski, "The Army Will Make a "Man" Out of You", Alison M. Jaggar ed., *Living with Contradictions: Controversies in Feminist Social Ethics*, Westview Press, 1994, pp. 592-598

Andrée Michel, « Colloque International « FÉMINISME ET PACIFISME », Paris, le 24 novembre 1984, Maison des Ingénieurs Arts et Métiers. », *Nouvelles Questions Féministes*, N° 9 /10, 1985, pp. 164-168

Andrée Michel, *Féminisme et Antimilitarisme*, Éditions iXe, 2012

Laura L. Miller, "Not Just Weapons of the Weak: Gender Harassment as a Form of Protest for Army Men", *Social Psychology Quarterly*, vol. 60, n° 1, 1997, pp. 32-51

Leila Minano et Julia Pascual, *La guerre invisible : Révélations sur les violences sexuelles dans l'armée française*, Éditions des Arènes, 2014

Robin Morgan, "Theory and Practice: Pornography and Rape", ed. Laura Lederer, *Take Back the Night: Women on Pornography*, William Morrow and Company, 1980, pp. 134-140

Anna Norris, « Le féminisme français à l'épreuve de la guerre. Madeleine Vernet : itinéraire d'une féministe pacifiste », *Cahiers de la Méditerranée*, N° 91, 2015, pp. 127-138

Sous la direction de Marie-Luce Pavia et Thierry Revet, *La dignité de la personne humaine*, Economica, 1999

Lucinda Peach, "Gender Ideology in the Ethics of Women in Combat", Judith Hicks Stiehm ed., *It's Our Military, Too!: Women and the U.S. Military*, Temple University Press, 1996, pp. 156-194

Michel Pialoux, « Alcool et politique dans l'atelier. Une usine de carrosserie dans la Décennie 1980 », *Genèses*, n° 7, 1992, pp. 94-128

Vincent Porteret, « À la recherche du nouveau visage des armées et des militaires français : les études sociologiques du Centre d'études en sciences sociales de la défense », *Revue française de sociologie*, n° 44- 4, 2003, pp. 799-821

Emmanuelle Prévot, « Alcool et sociabilité militaire : de la cohésion au contrôle, de l'intégration à l'exclusion », *Travailler*, n° 18, 2007, pp. 159-181

Emmanuelle Prévot, « Féminisation de l'armée de terre et virilité du métier des armes », *Cahiers du genre*, n° 48, 2010, pp. 81-101

Betty A. Reardon, *Sexism and the War System*, Syracuse University Press, 1985（B. A. リアドン（山下史訳）『性差別主義と戦争システム』（勁草書房、1988年））

Emmanuel Reynaud, *Les femmes, la violence et l'armée : Essai sur la féminisation des armées*, Fondation pour les études de défense national, 1988

Sara Ruddick, "Notes Toward a Feminist Maternal Peace Politics", Alison M. Jaggar ed., *Living with Contradictions: Controversies in Feminist Social Ethics*, Westview Press, 1994, pp. 621-628

Yvonne Sée, *Réaliser l'Espérance*, LIFPL-Section française, 1984

Katia Sorin, *Femmes en armes, une place introuvable ? Le cas de la féminisation des armées françaises*, Éditions L'Harmattan, 2003

Brittany L. Stalsburg, *Military sexual trauma: The Facts*, Service Women's Action Network（SWAN）, 2010

Judith Hicks Stiehm, "The Protected, the Protector, the Defender", Alison M. Jaggar ed., *Living with Contradictions: Controversies in Feminist Social Ethics*, Westview Press, 1994, pp. 582-592

Cass R. Sunstein, *Choosing Not to Choose: Understanding the value of Choice*, Oxford University Press, 2015（キャス・サンスティーン（伊達尚美訳）『選択しないという選択　ビッグデータで変わる「自由」のかたち』（勁草書房、2017年））

Richard H. Thaler and Cass R. Sunstein, *Nudge: Improving Decisions About Health, Wealth, and Happiness*, Yale University Press, 2008（リチャード・セイラー、キャス・サンスティーン（遠藤真美訳）『実践　行動経済学——健康、富、幸福への聡明な選択』（日経BP社、2009年））

Mathias Thura, « La persistance d'une féminisation par les marge : le cas de l'Armée de terre française », *Les Cahiers de la Revue Défense Nationale : Femmes Militaires, et maintenant ?*, Institut de recherche stratégique de l'École militaire, 2017, pp. 21-28

Gladys Trézenem, *La dignité de la personne humaine et le juge administratif*, Éditions L'Harmattan, 2021

Madeleine Vernet, « La Masculinisation de la Femme », *La Mère Éducatrice*, N° 7 en 1919, pp. 50-52

Madeleine Vernet, « Avons-nous change ? », *La Mère Éducatrice*, N° 12 en 1921, pp. 107-108

Madeleine Vernet, « La Paix et les Femmes », *La Mère Éducatrice*, N° 8 - 9 en 1923, pp. 113-115

Claude Weber, *À genou les hommes, debout les officiers : La socialisation des*

Saint-Cyriens, Presses universitaires de Rennes, 2012

Sous la direction de Claude Weber, *Les femmes militaires*, Presses Universitaire de Rennes, 2015

Paul Willis, *Learning to Labor: How Working-Class Kids Get Working-Class Jobs*, Columbia University Press, 1977（ポール・ウィリス（熊沢誠・山田潤訳）『ハマータウンの野郎ども　学校への反抗・労働への順応』（筑摩書房、1996年））

Ann Wright, "The Roles Of US Army Women In Grenada", *Minerva's Bulletin Board*, vol. 2, no. 2, 1984

（判例評釈）

小林真紀「1994年生命倫理法判決」フランス憲法判例研究会編（辻村みよ子編集代表）『フランスの憲法判例Ⅱ』（信山社、2013年）97-100頁

Patrick Frydman, « Atteinte à la dignité de la personne humaine et les pouvoirs de police municipal : À propos des « lancers de nains » », *RFDA*, n° 6, 11e année, 1995, pp. 1204-1217

Francis Hamon, *La Semaine Juridique*, Ⅱ. Jurisprudence, n° 17-18, 1996, pp. 189-192

Marceau Long, Prosper Weil, Guy Braibant, Pierre Delvolvé, Bruno Genevois, *Les grands arrêts de la jurisprudence administrative*, 15e éd., Éditions Dalloz, 2005, pp. 737-746

Marie-Christine Rouault, « L'interdiction par un maire de l'attraction dite de « lancer de nain » », *Les Petites Affiches*, n° 11, 1996, pp. 28-32

Jacques-Henri Stahl et Didier Chauvaux, *L'actualité juridique-Droit administratif*, n° 12, 51e année, 1995, pp. 878-882

[著者略歴]

久保田茉莉

1997年静岡市生まれ。2016年静岡県立静岡高等学校卒業（132期）。2019年立命館大学法学部法学科早期卒業。2021年立命館大学大学院法学研究科法学専攻博士課程前期課程修了。2024年立命館大学大学院法学研究科法学専攻博士課程後期課程修了。博士（法学）。2024年4月より日本体育大学助教。専門は憲法学、フェミニズム法学、ジェンダー研究。

軍隊への男女共同参画——女性の権利の実現と軍事化の諸相

2024年9月15日　第1版第1刷発行

著　者——久保田茉莉
発行所——株式会社　日本評論社
〒170-8474 東京都豊島区南大塚3-12-4
電話　03-3987-8621（販売）　03-3987-8592（編集）
FAX　03-3987-8590（販売）　03-3987-8596（編集）
https://www.nippyo.co.jp/　振替　00100-3-16
印　刷——精文堂印刷株式会社
製　本——牧製本印刷株式会社
装　丁——図工ファイブ

ISBN978-4-535-52799-7　　Printed in Japan